设计总包管理

阮哲明　蒋玮　陈爽　著

中国建筑工业出版社

图书在版编目（CIP）数据

设计总包管理 / 阮哲明, 蒋玮, 陈爽著. —北京：
中国建筑工业出版社，2021.11（2024.4重印）
ISBN 978-7-112-26945-7

Ⅰ.①设⋯ Ⅱ.①阮⋯ ②蒋⋯ ③陈⋯ Ⅲ.①建筑工
程—工程项目管理 Ⅳ.①TU712.1

中国版本图书馆 CIP 数据核字（2021）第 253380 号

　　本书以《项目管理知识体系指南》（PMBOK）中的理论知识为指导，结合作者在建设
项目管理20多年的实践经验总结，以工程建设领域的项目经理和项目建设的业主为读者
对象，旨在对当前建设工程设计管理特点与要素理解的基础上建立一套全面的设计管理思
维体系。

　　本书以实践和理论相结合的方法来更好地表达作者的观点，其中特别设置了3个环
节，以使读者在阅读本书时不是带着枯燥的心情去硬啃知识而是带有思考地获得知识。这
3个环节分别为：案例导读、实践中的项目经理、新技术和新思路。此外，在每章的最后
一小节设置了与该模块相关的最新技术和理论的介绍。通过这种方式，可以方便读者多视
角理解项目管理过程。

责任编辑：吴宇江　赵晓菲　朱晓瑜
责任校对：焦　乐

设计总包管理

阮哲明　蒋玮　陈爽　著

*

中国建筑工业出版社出版、发行（北京海淀三里河路9号）
各地新华书店、建筑书店经销
逸品书装设计制版
建工社（河北）印刷有限公司印刷

*

开本：787 毫米×1092 毫米　1/16　印张：11¾　字数：173 千字
2022 年 3 月第一版　2024 年 4 月第二次印刷
定价：**49.00** 元
ISBN 978-7-112-26945-7
（38760）

序
一

2010年中国上海以"城市，让生活更美好"为主题，在浦江两岸举办了一届成功、精彩、难忘的世界博览会。而这场盛世之景的缔造离不开千千万万"世博建设者"的心血和汗水，其中作为本土建筑设计行业的领军企业华建集团华东建筑设计研究院（简称"华东院"）肩负重任，在世博会永久场馆"一轴四馆"中承接设计了"一轴三馆"。整个世博会建设周期仅有1000余天，而设计又是建设工程的龙头子项，在工程建设过程中，华东院采用的设计总包管理充分体现了面向成果、基于项目团队、超越专业分工、柔性和动态管理等特点，促使管理架构扁平化，提高了管理效率，提供了跨不同专业、跨不同设计组织的整体解决方案，促进了"一轴三馆"的顺利开展。

十余年过去了，沸腾的世博园区历经蜕变，成为集文化博览、总部商务、高端会展、旅游休闲和生态人居等功能于一体的上海标志性公共活动中心，这背后依旧有着华东院的助力打造，在后世博开发建设中着力打造的A片区中央核心区域的"绿谷项目"中，华东院凭借强有力的国际国内资源整合能力和设计总包管理能力，充分发挥全过程业务链优势，为"绿谷"提供从前期策划到建筑设计、从施工配合到后期管理的"一站式"设计总包服务，有效推动了项目的顺利实施，也为后期运营提供了有力的支撑。

本书的作者阮哲明在世博会以及后世博建设开发中，作为华东院的设计项目经理勇于担当，攻坚克难，带领团队圆满完成了一大批大型重点项目的建设任务。尤其在"绿谷"项目中她创新性地提出并实践了前期策划与项目建设有机结合的项目管理全过程服务模式，实现了设计价值链的整合。千锤百炼而后能成，她在这些项目实战中锻炼了自己对重大项目的把控能力，也累积了一批具有理论和实践意义的创新成果。

2019年阮哲明正式进入上海科技大学工作之后，她被周边浓郁的学术、研究氛围所感染，她利用业余时间研读大量文献、资料以及相关专业书籍，并且回顾梳理以往工作经历中的得失，期待将项目实践中的经验总结予以归纳，实现专业知识与经验的集成与共享。

本书针对大型建设工程的复杂性，在归纳、总结设计管理的特点、要素的基础上，建立了一套全面的设计管理思维体系，作者以PMBOK中的理论知识为指导，以实践为基础，总结了贯穿项目设计全生命周期的设计管理体系、方法与流程。本书特别强调将理论、实践、研究和案例学习结合起来，内容兼顾了理论性、实用性及前瞻性。

合抱之木，生于毫末！本书是作者历经3年时间才完成的有关设计总包管理的好书，相信本书面世之际能够为从事大型建设工程的项目经理和项目建设的从业人员提供有益的参考、借鉴和指导。

上海科技大学副校长　丁　浩

序
二

随着国内建筑工程市场的全面开放，对整个中国建筑设计行业带来了新的机遇和挑战，如何与国际工程设计咨询市场接轨，通过国际化的运作来促进工程设计水平和质量的提高抢占高端市场，无疑是整个行业都需思考和解决的难题。

2003年华建集团华东建筑设计研究院作为行业内的龙头企业之一，顺应新的市场发展，率先迈出坚实一步，正式成立了项目管理部，本书作者阮哲明当时作为人才引进，并担任了项目管理部的主任，在部门发展及其个人职业关键的15年间，她带领团队完成超大型工程建设项目以及区域性综合开发项目逾百个，并始终坚持以理论为依据，以实践为基础，结合一大批超大型重点工程项目的设计管理实践，建立了设计总承包管理工作体系、方法与流程，探索全过程设计管理的途径。

在这个众多大型设计项目还都是"国外企业唱主角，中国企业打下手"的年代，华建集团华东建筑设计研究院在浦东国际机场二期工程这个举世瞩目的工程中实现了在建筑设计领域的历史性跨越——即首个由国内设计单位负责设计总承包的超大型工程建筑项目。当时阮哲明勇挑重任，承担了设计项目经理的角色，用她一贯勤奋努力以及积极探索的精神，运用现代项目管理的知识、体系、方法有效组织了中方、外方以及涵盖机场工艺、行李、交通、消防、标识、室内等三十余家设计单位的全过程设计管理工作，她在管理实践中取得了良好的效果，得到了业主的高度认可。

在华东院的 15 年间，她先后操作完成了一大批超大型重点工程项目，包括上海世博会奔驰演艺中心、天津于家堡、港珠澳大桥珠海口岸及澳门口岸、南京禄口机场、普陀山观音法界、浦东国际机场三期扩建工程等。

难能可贵的是，阮哲明在操作众多重点工程项目管理的同时，不断总结和反思，并将这些实战经验、先进管理理念转化为知识积累，这本书就是她利用业余时间，几经修改而成的工作回顾与总结。

本书凝聚了作者多年来投入大型建设工程设计管理实践研究的心血，相信本书的出版，能够对设计项目管理从业者提供更多的技术参考和交流路径。

华东建筑集团股份有限公司总建筑师
全国工程勘察设计大师

序
三

中国城市近四十年的进步与发展催生出一大批大型复杂的基础设施工程，其是兴国之器、强国之基。规模空前的大型综合交通枢纽、城市片区综合体、大型会展综合体等项目建设给中国现代设计行业的发展带来了空前的历史机遇，也给我国的城市化发展带来了源源不断的活力。大型复杂工程重新定义了当代城市的空间和时间，对于城市的发展与更新有着重要的引导作用，也决定着城市运行的效率。

时代的大潮带动了中国基建业的蓬勃发展，更给予了弄潮儿们激扬才华的舞台。针对大型复杂工程设计进度紧张、投资和质量管控难、技术综合难度大、沟通协调量高的特点，设计总包管理作为"技术"和"管理"的结合体，成为应对大型复杂工程设计管控协调难题的重要切入点，更体现了中国建筑师和项目经理解决中国工程难题的东方智慧。

本书的几位主要作者都是我同事，作为项目设计与管理的亲历者参加了大量的设计总包管理工作。他们在整个民用设计行业中较早开展了针对大型复杂工程的设计总包管理实践，并且在长期的工作中一直专注于通过管理能级提升培养和发展管理核心竞争力。通过以大型交通枢纽、会展观演类项目以及城市综合体等为代表的一大批国家级、上海等省市级重大工程项目的经验积累，深入了对我国大型复杂项目设计重难点、特点的理解，细化了项目全生命周期设计管控流程和程序，同时推动了大量以"设计工作包"为代表的精细化管理工具的升级和迭代。

目前市场上大多数项目管理或设计管理类书籍都有着非常完备、系统的知识体系，内容严谨，但与工程实践存在一定距离。本书作者结合近二十余年的设计总包管理项目实操经验，抓住了我们平时在大型复杂工程建设过程中所涉及的设计管控重点，以轻松朴实、容易理解的叙述方式告诉我们：什么是重大工程设计管理？设计总包管理该做哪些事情？为什么做以及怎样做？本书从实践出发，将项目管理过程中的要点通过实践经验一一道来，并将实践中面对的问题毫不忌讳地一一呈现，反映了作者敢于提出问题、面对问题、找到解决方法的积极态度和实事求是的精神。

全书结合大量鲜活的实践工程案例，提炼了作者对于大型复杂工程设计管理难点以及管控对策的工程实践与经验总结，有效弥补了建筑设计在大型复杂工程项目管理领域研究方面的空白。本书的出版希望对我国大型复杂工程的设计管理实践和进步发展带来宝贵价值和积极的指导作用！

华东建筑设计研究院有限公司副总经理、首席总建筑师
全国工程勘察设计大师

前言

　　这本书起源于伙伴们之间的工作交流。在共同做了上百个建筑项目设计管理之后，大家都觉得总结经验并把这个经验分享出来将是一件有意义的事情。

　　遥想2003年，笔者第一次接触设计项目管理——上海浦东机场二期工程设计总承包。彼时国内无相关案例可供借鉴，国际课程选择余地也不多，笔者便选择了PMP课程，第一次接触了项目管理九大知识领域，并非常惊讶于项目管理的第一课是道德与法律。

　　后来的工作过程中又接触了CIOB、RICS、IPMP，这些课程给笔者实际工作带来了许多借鉴和启发。

　　在实际工作运用过程中，笔者发现由于法律环境以及文化的不同，这些知识在实际运用当中总会存在种种困扰。任何一种管理体系都是基于文化、源于法律关系、成于企业化运作的过程。在中国加入WTO近20年后，世界发展的进程已经进入了后WTO时代，中国多家建设企业已经发展壮大，并步入世界500强。有必要在这个时候去回顾近20年的建设历程，思考曾经的经历。

　　从本书的构成来看，笔者仍沿用了九大知识领域的体系，但在知识的构成与前后安排上，加入了许多自己在实践中的体会和心得。

　　在工程领域项目管理中，设计、施工、监理、投资控制、业主等都是关键环节和因素。设计作为工程建设的重要子项，与之对应的设计管理也是建设工程项目管理的一个重要组成部分。但是，目前市场上针对设计管理的书籍却少之又少，总结提炼行业先锋成果经验的书籍更是鲜有出版。此外，如何理顺众多有利益冲突的项目干系人的要求，如何管理项目总体进度、质量、变更、专项环节，如何应对极具变化、漫无止境的项目沟通问题，这些都是建设项目的大型化发展给现代设计管理方法提出的进一步挑战。本书正是立足于此背景，摒弃传统书籍的教材式编写模式，以PMBOK中的理论知识为指导，结合笔者在建设项目管理20多年的实践经验总结写出。本书以工程建设领域的项目经理和项目建设的业主为读者群，旨在通过他们对当前建设工程设计管理特点、要素理解的基础上，建立一套全面的设计管理思维体系。

谈及该设计管理体系的全面性，本书主要体现在对贯穿项目设计全生命周期管理的进度、质量、变更、沟通等各大要素进行阐述分析，包括制定进度计划、分配资源、监控项目等活动中涉及的管理科学知识。同时，对在项目管理中起决定性作用的项目管理人员提出了应具备的责任、素养和知识的要求，笔者拟通过协调冲突、领导团队实践和反思创新方法等方面来强调一个优秀的项目经理可以对项目过程起到的作用。尽管不是所有类型的项目都能够在这本书中找到相应的处理方法，但是观看本书的项目经理和业主还是能通过书中的案例学会如何将理论知识运用于实践。同时，立足实践意义出发，本书又可以作为设计管理从业人员的实用性手册。

"我发现我自己难以忍受许多管理书籍一味地追求精确地描绘出'它应该是如何被做出来的'这种做法。"我的个人经验告诉我：要达到某个目标可以有许多不同的方法，也可以有不计其数的途径来引导……

我们每个人都必须利用我们继承到的技巧和个人品质发展出我们自己的风格和途径来。我们每个人在很长一段实践过程中所做的一切都是为了获取一套工具，有了这套称手的工具以后我们便可以用不同的方法来解决我们必须面对的无数问题了。

——哈维·霍内斯（1988年）

本书运用了实践和理论相结合的方法来更好地表达笔者的观点，其中特别设置了3个环节，以使读者在阅读本书时不是带着枯燥的心情去硬啃知识而是带有思考地获得知识。这3个环节分别为：案例导读、实践中的项目经理、新技术和新思路。一个典型的案例导读能引申出项目实施过程中特定的现实难题，为项目经理身临其境地分析案例、深入思考、规避风险提供良好的借鉴依据。本书的项目管理经验综合体现了国内建筑项目管理领域最新发展水平。其独特之处在于特别强调将当前理论、实践、研究和案例学习结合起来，每一个章节都以一个典型的实际案例开篇，以吸引读者主动阅读本章内容，每章当中穿插的短小生动的案例用以讲述相应工具或理念的实践应用。此外，在每章的最后一小节设置了该模块相关的最新技术、理论的介绍。通过这种方式，可以方便读者多视角理解项目管理过程。

- **案例导读**：每一章设置了一个项目导读，这些项目都是笔者多年从事设计项目管理中遇到的实际项目。这些项目各具特色，不同建筑类型的国家重点项目对于读者来说是一个很好的学习和借鉴机会。笔者通过项目中遇到的困难、解决方法和思考引出项目管理中的重要知识点，这种实践和理论相结合的总结方法能够使读者在阅读每一章节时带有目的性和思考。读者可以根据每章所介绍的知识点进行案例分析。

- **实践中的项目经理**：本书参考了西方管理教学中将案例引入知识点的学习模式，并在书中虚拟了一位项目经理，这名角色的工作单位为国内大型设计院。这位项目经理的存在并不是特指某位知名项目经理，而是笔者结合无数项目经理在项目管理中遇到困难的综合体现。通过他在项目中的成长使读者能更身临其境地理解笔者所表达的知识概念和在真实项目管理环境中遇到的困难。

- **新技术与新思路**：在每章节的最后，笔者都会探讨与本章内容相关的新技术或新发展思路，包括对现有的一些新技术的阐述与介绍，对某些管理方向的新思路的探讨与研究，使读者在阅读现有基础知识后，能对项目管理的未来运用方向有一个指引，使每一章的内容得到了全新的升华，拓宽读者的视野。

　　总的来说，这是一本经验之谈，是大家的经验和体会，是集体创作的作品。期望对有兴趣进入这一领域的朋友，以及已经进入这个领域仍然在苦苦摸索的小伙伴们给予交流、探讨与共同学习的机会。由于设计项目管理涉及多个学科领域，而且我国建设领域相关的研究与实践起步较晚，相关实践经验总结对于整个行业发展来说价值尚缺，可参考的资料水准参差不齐。笔者水平有限，加之时间仓促，书中不免存在一些疏忽、错误之处，恳请广大读者、专家提出意见与建议，以期再版时能及时补充修改，使其更能符合读者期望和设计项目管理行业发展的需要。

2022年1月上海

目录

第1章

概述：为什么需要设计项目管理

上海浦东国际机场二期

　　交通建筑以其专业性和功能复杂性著称，机场项目是交通建筑中难度最大、最复杂的项目。作为门户机场和标志性建筑，48万 m² 的上海浦东机场T2航站楼由于紧张的建设周期和超大的建设规模，是当时设计难度最高的项目之一（图1-1）。

　　T2航站楼与T1航站楼遥遥相对，按照每年服务4000万名旅客的能力

图1-1　上海浦东机场T2航站楼车道效果图

设计，其规模是T1航站楼的2倍，两航站楼间通过一座17万 m² 的一体化公共交通中心紧密连接，实现轨道、公交、停车、旅客分流等功能。建设目标是通过T2航站楼的建设，使得T1航站楼和T2航站楼形成真正的一体化航站区。

在这个复杂项目中，业主上海机场集团率先采用了设计总承包的管理模式，并大胆地选择了国内设计单位作为设计主导单位。此项目中业主方、中方以及其他主要设计分包公司之间形成了新的管理模式，在国内同类项目的建设中还是第一次，开创了历史先河。

之所以在上海浦东机场二期工程中实现了国内设计单位设计总承包的管理模式，国内设计单位从幕后走向前台，从被动转变为主动，有着客观和主观两大方面的原因。客观上正因为项目极其复杂，就需要设计管理分门别类、理清头绪、统一标准进行设计协同。如果仍然按照以往由外方单位主导设计，不仅会导致业主方更多的时间和精力主导设计进程，同时也会影响整个设计进度。主观上无论是业主还是国内设计单位都希望从原工作模式中寻求突破。

机场二期专项设计/咨询涉及的领域包括机场工艺、行李、捷运等民航系统独有的专项，也包括交通、消防、标识、室内等一些较常规的设计专项，一共26类，参与的境内外设计/咨询单位前后共33家。按照常规的操作模式，业主单位将分别与这些设计单位签订合约，并需要对这些合同的委托范围、设计职责进行界定，对设计成果深度予以明确，过程中未尽事宜将牵扯非常大的精力来做协调……

一个创新的项目离不开具有开拓精神的业主，上海机场集团是经验丰富的业主，技术水平与管理水平在国内处于很高的地位，整个指挥部集各种专业技术人员100名以上。与此同时，机场集团的业主是理性、开放以及勇于实践的。正因为如此，机场业主果断摒弃了以外方设计的方式，充分意识到中方设计单位的沟通优势，零距离、零时差的服务不仅能给业主更好的体验，还能大大缩短设计周期，节约设计成本。

设计院身份的转变，让设计单位以一种更为主动的身份介入工程项目建设的全过程管理。设计单位内部组建一支项目管理团队，承担设计总承包的管理职责。设计总承包合同意味着华东院将负责所有设计工作范围内的设计管理、设计协调和成果控制，而业主只需要对口唯一的责任主体就实现了对设计无遗漏、无间断的全过程管理。

浦东机场二期项目的成功，得益于业主方的充分信任和授权，而华东院也未曾辜负这份重托，真正实现了设计方案的原创，并通过严格的总包管理将设计理念和业主需求最完美地呈现于最终的作品，成为历史的经典。

概述

项目是一系列有明确目标的关联性活动。无论是集中国古代宫廷建筑之精华的故宫、气势磅礴的万里长城、研制原子弹的"曼哈顿计划"，还是表演一出话剧、撰写一篇论文，都需要进行项目管理。

《项目管理知识体系指南》(PMBOK) 中曾经有过这样的描述："项目管理就是为了满足甚至超越项目涉及人员对项目的需求和期望而将理论知识、技能、工具和技巧应用到项目的活动中。"对当今的建设工程来说，项目管理已经在实际运作过程中扮演了越来越重要的角色。

大型工程项目意味着社会的高度发展，也可以说是社会文明发展的产物。由于近十年来新技术、新科技进入建筑工程的数量超过了过去数百年的发展，信息化施工技术发展得越来越成熟，整体建设项目的系统复杂程度和项目进度计划的制定与要求都越来越高，项目总投资也理所应当地飞速增加。

随着时代的发展，越来越多的建设工程将项目管理作为运作的基本手段，这说明高效的项目经理将是成功项目不可缺少的一部分。建设工程项目经理需要具有敏锐的洞察力、非凡的组织能力、处理复杂人际关系的能力，要能够及时识别潜在风险并尽快采取相应措施。这些都是处理复杂庞大项目的基础。

1.1 建设工程项目的起点就是艰难旅程的开始

建设活动作为改变地表现状的人类劳动，是世界上最为普及和历史悠久的人类活动。能够参与某个工程的建设更是激动人心的体验，因为这意味着巨大的成功。但是，作为建设工程的业主，在真正启动项目之前，还是有必要先认清建设工程项目的特点和未来将面对的困难。

1.1.1 建设工程项目的唯一性

每个项目都有其唯一性和不可复制性，主要体现在以下几个方面：

1.每个建筑工程都是唯一的

建设工程是一大类工程活动的统称，然而不同类别的建设工程在技术上和难度上有着本质的区别。随着建筑科技的高速发展，建设工程的类别细分以及专业化发展与21世纪初期的水平已不可同日而语。一个商业类项目的建设经验，不可直接照搬到一个文化类项目之中。

2.项目是非重复的一次性流程

建设工程作为一个项目，是具备起始和终止的一次性劳动产物，是由执行人员对成本、预算、质量要求进行一定程度的复核才能完成的目标。它是一次性的，与企业中持续的日常流程有着本质的区别。除了少数以房地产和建筑工程为主业的公司外，对于大多数企业来说，以结果为导向的项目管理工作都大大有别于以流程为导向的日常管理和经营活动。

3.建筑工程的大型化加大了其复杂性

随着工程技术的迅猛发展，近十余年来建设工程的总规模呈爆发式增长。用系统论的观点来说，伴随着系统规模的增长，工程复杂程度会以几何级数增加。随着建设工程的大型化，工程技术的复杂程度和建设难度被提高到新的高度，每一个新建的大型建设工程都是新的挑战。

1.1.2 建设工程项目面临的困难

建设工程作为多人参与的大型社会活动有着强烈的社会性。这种社会性赋予了建设工程不同于一般项目的特殊元素。

● **进度紧张**：建设工程项目特别是大型建设工程的进度目标常常与特定的社会活动紧密挂钩，这使得其在整个建设周期中，都一直承受了极大的进度压力。

（1）梅赛德斯奔驰演艺中心作为2010年上海世博会的主会场和闭幕式举办场地，从设计到施工完成只有28个月，此类国家级活动的举办地，其竣工时间早在立项阶段就写入了项目建议书中的建设目标里。

（2）某央企或世界500强企业的总部办公大楼，竣工时间往往与公司的大型纪念活动或者领导人的任期挂钩。

（3）一些商业化运作的办公楼、商业楼、住宅楼类项目，由于其建设周期牵涉到项目的资金成本乃至整个项目的盈亏，所以开发商对其进度监控严格，甚至精确到周。

● **专业技术复杂**：信息技术带来的技术跨界发展和日趋细致的专业化分工是21世纪两大社会发展趋势。与20世纪末相比，随着智慧建筑、BIM技术、3D打印技术等新型技术的进入，如今的建设工程早已成为各种前沿技术汇集、交融的领域。作为建筑工程龙头地位的建筑设计专业，即使是有20年以上工作经验的资深建筑师都不一定能保证对当今建筑工程各个专业领域的前沿技术了如指掌，身为建设工程项目的管理者和决策者却几乎每天都要面对诸如此类的专业汇报和专业决策。

● **投资控制困难**：现今的建设工程项目造价动辄数以十亿计，5%的造价控制偏差就会带来数亿元的造价浮动。造价控制是系统性的管理，业主方关于项目进度、技术的每一个决策，最终都可能转化为承包商对于造价的变更索赔。因此，建设工程项目的业主始终承受较重的造价控制压力。由于业主与承包商在专业知识掌握上存在一定差距，在国内现存的造价管理体系中，业主长期处于较为弱势的位置。

上述建筑工程特殊元素，给予了项目业主超乎寻常的关注度和使命感。需要指出的是，使其成为一类独特的项目涵盖的上述因素实际上也是造成其实施困难的原因。成功的建设工程项目都不是一蹴而就的，除了要战胜上述诸多困难，还需要不断弥补自身在工程技术、管理经验上的欠缺并克服公司原有组织带来的阻力。

1.经验上的欠缺

笔者曾面对过的一部分业主在接触他们所负责的建设工程之前，并不具备建设工程领域的经验。他们通常是公司高管或者公司某一重要行政管理职能的负责人，但在接触项目之初，他们之前的管理经验并不能为其在工程项目中的管理和决策带来直接的帮助。同样，另一部分业主拥有不同规模或者不同类型的项目经验，他们也会感觉到由于项目规模变大或是专业领域不同所带来的经验壁垒。

但是，正如史书中不缺乏文人弃笔从戎并建立丰功伟绩的先例，由于管理经验的共通性，笔者曾经亲身见证了很多公司高层管理者在经历了短暂的适应期后成功转型的例子，在普陀山观音法界项目中也见证了法师在项目实践中迅速蜕变为出色的工程项目决策者。

2.管理资源的整合

专业的房地产公司和建筑企业通常拥有以项目为核心、流程为辅助的组织架构外，但除此之外，绝大多数建设工程的业主单位，不会因为一次性的建设项目而对原有的组织架构进行调整。这就需要建设工程项目的牵头者，跨越原有的部门职能和组织边界，对项目所需资源进行整合。而且建设项目在实际操作过程中，必然会引起原有的以流程为导向的标准业务之间的冲突。通常情况下，整合的过程不会一帆风顺，部分大型建设工程资源整合的复杂程度和曲折过程并不逊于战国时期七雄之间的纵横捭阖。

3.项目目标的定义

建设项目目标的定义需要精确的定量分析和先进的技术手段，因此，除了住宅、商业类项目，绝大多数大型建设工程的目标无法在项目初始阶段就被清晰地定义和描述。这为项目后期的质量、造价控制埋下了隐患，通常也会影响最终进度目标的完成。部分项目建设目标的定义还涉及业主公司其他常规部门的使用和运营需求，如果项目在前述管理资源整合上发生矛盾或困难，也会直接影响项目目标定义的按时完成。

通过本节内容，笔者只是希望做出提醒，项目的起点通常是艰难旅程的开始。长期的建设工程管理经验告诉我们：永远不要高估项目建成的实施效果，也不要低估项目实施过程中遇到的困难。

1.2 为什么需要设计项目管理

如果说，20年前的苹果公司是以"PC"为关键词的，那么10年前苹果公司又多了一个关键词"iPhone"。而一路走到今天，苹果公司已经成为涵盖"电脑、手机、手表、音乐播放器"等综合多元化高科技公司。然而10年前，在苹果公司宣布进入智能手机领域时却引发了一片哗然。悲观者认为，苹果公司的主业是PC，和手机制造是全然不同的两个领域，而乔布斯本人对手机显然一窍不通。在当时那个时代，诺基亚还是手机中的老大，在通信市场上还没有一家PC企业能够跨界到手机这个陌生领域中并取得成功，这注定是一场"闹剧"。然而，乔布斯毅然进入了这个陌生的行业，看似完全的逆市而行，但是乔布斯却凭借着全新的操作体验以及精致的造型，成功演绎了智能手机的进化论。这些年随着科技的高速发展，西方商业社会中更是产生了像埃隆·马斯克一样横跨航天、汽车、互联网、能源、高铁五大产业的现实版"钢铁侠"。

项目管理起源于高科技行业，最早在IT行业得到广泛应用，而后再推广向建设工程等其他领域。现今西方高科技领域的成功经验早已证明，业主方（CEO）在项目经理（职业经理人）的帮助下，能够"轻松"完成不同行业之间的跨界。乔布斯在iPhone手机、埃隆·马斯克在猎鹰9号火箭等案例上取得了成功，同时还创造了非传统"业主单位"打破传统行业思维定式并领导项目走向成功的案例。

1.2.1 业主的自我修养

建设工程项目由于总投资大、技术复杂、参与方众多的特点，常常作为反对引进先进项目管理经验的理由，这也使建设工程行业与高科技行业之间的项目管理水平差距并不逊于"原始人与钢铁侠"之间的差异。正如建设工程的投资总额和技术复杂度与火箭发射相比有着天壤之别。社会专业化分工——将专业的事交给专业的人去做，这一在西方商业社会早已成为通行法则的做法，在我国仍处于缓慢的发展阶段。根据住房和城乡建设部最新精神，在建设行业推广全过程项目管理咨询，让业主做好该做的事，是未来建设工程行业发展的总体趋势。

在笔者近20年的项目管理经验中，常常看到这样的状况：

（1）当工程面临决策时，业主不好意思地说：搞工程建设，我们不专业，一切还得听专业人士的。

（2）工程进度发生拖延或投资发生超支，工程人员抱怨：这工程，都是因为业主太不专业了。

每次面临这样的场景，都会引起笔者内心的不平——在中国当甲方实在是太不容易了。众所周知，名义上需要对工程建设承担责任的"五大责任主体"中，设计、勘察、施工、监理都可以在各自的法律、规范指引下各管一块，而"进度拖延、造价超支、质量失控"的恶果往往不得不由业主直接承担。在上述重压下，业主通常是对建设工程最为关心、投入度最高、工作时间最长的参与方。俗话说，世界上最怕"认真"二字，在业主如此积极投入的情况下，面对一个"技术复杂程度远逊于高科技行业，从业者仍以进城务工人员为主"的传统行业，何来不"专业"的业主的说法。

对之相应的，中国的甲方每天都需要面对这样的场景：

（1）**设计人员问**：您看我们这个项目的空调是做VAV还是风机盘管＋新风？

（2）**招标代理问**：您看我们这个项目的施工总包使用扩初招标还是施工图招标？

（3）**监理人员问**：施工单位说设计文件中注明的合资阀门不太好买，您看换成国产的行不行，他们说用起来差不多？

类似的问题，既没有对技术优劣性以及同类项目使用经验的分析，也没有任何对造价影响、工期影响的说明。而且，提出上述问题的单位，往往都是在各自行业内拥有丰富项目经验的专业企业。

依据西方成熟的项目管理理论，面对一个大型复杂的建设项目，项目业主只需具备用地、资金、社会关系等必需的资源要素，同时明确项目功能需求和造价档次，其余所有的专业问题和管理问题都可以依靠职业的管理团队及专业咨询团队获得高效率的解决方案。就如同埃隆·马斯克在猎鹰9号火箭中取得的成功经验，其成功的核心是"专业化分工、合理的授权和及时的决策"，把专业的事交给专业的人去做，使得项目效率最大化、资源合理配置和成本控制的最优化。

在国内成熟的建设工程项目管理理论中，业主被放到了一个相当高的位置，成为项目实施的总集成者和项目实施的组织者。那么，什么是业主方应该做的事呢？笔者认为大致可归纳为3个方面：

（1）资源：大型建设工程需要土地和大量的资金作为资源，甚至对于一些重大的项目，政府的支持也是项目得以顺利推进的必不可少的要素。业主方作为项目总集成者的角色主要体现为资源集成。

（2）组织：确定项目的建设模式以及主要的项目管理、设计、施工单位。随着各类管理咨询模式的成熟，具体的设计、施工采购的管理组织工作都能依靠项目管理单位完成，但是项目运作的顶层设计仍然离不开业主的策划与组织。

（3）决策：大型建设工程的首要建设目标就是要满足业主对于项目功能和档次的需求。为了保证上述目标的实现，业主在建设工程的整个建造过程中，都需要不断做出决策，以不断修正建设的方向。好的顾问单位可以为业主的决策提供支撑，但没有人能替代业主方进行决策。

回顾上述中国甲方每天都会面临的窘境，问题并不是出在甲方是否专业，而是绝大多数的乙方既不专业，又不职业。上述说法可能有点过于偏颇，因为很多项目参与单位从履行法律规定的本职工作的角度上，还是基本能够胜任的。问题是大多数承包方缺乏"以业主为中心"的理念，缺乏"业主"思维，缺乏最大限度满足业主的需求、解决实际问题的动力和能力。

1.2.2 为什么需要设计项目管理

这是一个被无数业主问过的问题？诚然，并不是所有的建设工程都需要设计项目管理甚至是项目管理。"设计院＋施工单位＋监理"组成的黄金搭档已经完成了我国迄今为止99.99%的工程。但笔者深信，对于越来越多重视品质、重视进度、重视投资的大型甚至超大型项目来说，设计项目管理确有其存在的价值和意义。

1.设计项目管理很重要：二八原则

依据管理学中著名的"二八原则"，设计阶段业主所作的决策、判断，对项目最终投资、品质的影响程度达到80%。虽然对于大多数项目来说，在设计阶段所花费的设计、咨询费用占到工程总造价的比例不超过5%。设计项目管理起源于设计行业，承袭了设计行业丰富的技术、项目经验等优势，相对于传统的偏重施工管理的项目管理，更有能力在此阶段为业主提供更加丰富的增值咨询服务。

2.设计项目管理很专业

随着越来越多的境外投资者进入中国，不仅随之带来了丰富的资源、专业的顾问团队，还引进了先进的管理制度。在西方主流的建设管理模式中，设计管理方除了完成基本的设计图纸的绘制，还需要完成技术规格文件、施工技术说明等说明性文件，保证设计与施工的无缝衔接。此外，在英联邦国家较为流行的建筑师负责制中，建筑师还被赋予了项目管理、合同及造价控制、施工监造等更多建设管理职责。由于我国的设计单位的工作职责和范围长期受国家法规约束，知识领域和工程经验相对狭窄，无法短时间内迅速弥补在项目管理、合同造价和施工建造等方面的能力欠缺。设计项目管理也常常被视为弥补传统设计单位在此方面的能力短板的有效措施：

（1）项目策划：设计项目管理有条件在项目策划研究阶段介入项目的管理中，在项目功能定位过程中为业主提供足够的技术支撑。

（2）进度及前期审批规划：我国独特的设计审批流程对于任何甲方或者境外设计单位都是一个巨大的挑战，设计进度计划的编制过程往往需要管理咨询单位拥有丰富的项目前期经验，选择合理的设计报批流程和报批计划。

（3）专项设计整合：回顾整个建筑工程的发展历程，建筑设计行业成为独立专业用了上千年的时间，设计行业形成建筑、结构、机电专业的现代分工用了近百年的时间。而在近20年，随着各类新科技被引入建筑工程领域，专业顾问的数量从数个增长为数十个，专业知识更新的速度远超历史上任何一个时期。科技的发展使得设计项目管理的技术门槛和经验门槛越来越高，拥有一定工作经验的单一专业人才越来越无法胜任设计项目管理的能力要求。

（4）施工过程监造：工程施工的本质实际上是将设计图纸作为媒介，把设计师的设计意图从意识形态转化为实物的过程。因此，要保证项目的施工效果，设计师就必须参与到现场施工会议、评审、图纸审核、优化及品质把控，结合项目现场设计技术要求提出的设计深化建议，对设计深化流程进行管控。此外，还需要定期巡视现场，监督现场施工工艺执行情况，跟进施工质量，确保现场施工实施是符合图纸要求及设计意图等。

3. 设计项目管理很中立：独立的第三方观点

由于设计项目管理与招标、采购、工程结算等工程敏感性环节的直接关联较少，在面对与技术、造价相关联的复杂性问题时，能够给出相对独立的第三方意见。在英联邦国家中较为流行的建筑师负责制的核心思想就是业主方希望借助设计师的独立意见去制约施工单位的施工质量、造价和进度。

设计管理方通过专业的技术知识和丰富的项目经验，站在相对独立的角度及时有效地提出对工程建设项目有益的建议，充分发挥设计管理方的核心作用和优势，有效控制工程建设的进度、质量和投资。

1.2.3 成功项目需要怎样的管理团队

建设工程项目的类别是各不相同的，项目之间的规模和类型同样大相径庭，其中涉及的众多专业学科，需要具备不同专业知识和专业技能的人员加入。同时，一个项目管理团队的组织需要根据项目规模、类型和性质而确定，因此难以形成固定的架构。但作者结合自身的管理经历中与国企、外资、私企和境外政府等不同类别建设管理团队的合作经验，认为能取得成功的管理团队应具备以下条件：

（1）业主利益至上、高效的项目经理；

（2）经验丰富的管理骨干；

（3）成熟的管理制度和程序。

在作者服务过的业主方中，既有极少数拥有相对充裕的管理人员的指挥部业主，也有在管理人员和管理经验上都存在一定欠缺的基建团队。作为业主单位，即使能够建立一支与指挥部同样精干、高效的管理团队，但由于设计项目管理的专业性和经验性，很难通过一个或数个项目建立起专业的设计项目管理团队。

1.3 项目成功的决定因素

项目建设过程中，业主作为项目的发起人与投资人，通常是各参建方利益索取的靶目标。自项目之初，低价中标、变更索赔、偷工减料等种种建设乱象要求业主方在这场马拉松式的建设长跑中与各参建方斗智斗勇。不难理解，即便是久经沙场的业主，在这种建设过程中也要提起十万分的精神来应对来自各方的刁难。根据笔者多年在大型工程设计管理中的切身体会，业主在迈向成功的旅途中，应该充分认识到"举网以纲，千目皆张"的效应，重视对项目成功的决定因素方面的把控。

1.3.1 项目策划

方案设计启动后的第一个季度是工程进展中相当关键的一个时间节点，在此节点内项目的各参建方往往是积极地参与到每天大量的汇报、沟通工作中。项目的进展还处于一种缓慢发展的状态，项目成果还在酝酿之中，一切矛盾还尚未暴露。业主处在前期顺利进展的状态中，而忽略了该时期（通常称为"黄金期"）对于统一参建各方认识、理顺各方关系、建立秩序的重要性。"凡事预则立，不预则废"，为在项目后期实现建设决策和增值，在笔者作为项目经理参与的众多工程中，通常会特别提醒业主单位在这一时期关注项目的目标、组织、合同结构的策划工作。

（1）目标策划：建设项目的目标策划主要涵盖每个待建工程项目的质量、进度、投资成本方面的要求。根据已有的项目经验，一份内容全面、细节落地、高质量的目标策划有利于项目顺利开展。以进度目标策划为例，项目进度目标策划内容不应仅仅局限于设定项目的开始及终止，更要精心考虑项目沿时间轴排布的各个关键节点。各参建单位以此为基准展开讨论并设置备选预案，避免某个节点进度耽搁进程而影响整体工程的进度。

（2）组织策划：组织结构确定了组织人员构成，确定了上下级汇报关系，科学、合理的组织策划是整体工作效率实现最大化的利器。业主方内部的组织策划要义是针对多部门集成的建设管理活动，依据各部门在该多元化的建设团体中的扮演角色进行划分，以便对后期信息传递、人员任务分工、资源配置、绩效考核等方面工作的梳理。通常，组织可以采用多种多样的划分形式。值得提醒的是，随着项目大型化进程的推进，内部组织结构高度复杂或极其简单都不利于项目的推动。

（3）合同结构策划：建设工程设计、施工环节的组织形式取决于业主方对承包模式的深度思考。传统的设计模式、施工模式以及设计、施工总承包模式都有与其相对应的合同架构。下面这个例子就很好地体现了合同结构策划对于业主方工作的重要性。某大型项目施工总承包合同规定，总承包商负责施工图设计及政府相关审批、审图等工作。但总承包商中标后没有即刻开展施工图设计，导致业主不能按时获得施工许可证，现场无法进入正常施工状态时，业主不得不委托原设计单位协助完成施工图设计，并以指令形式发给总承包商作为施工依据。总承包商收到施工图后，马上以图纸变更为由提出巨额索赔，要求业主补偿施工图与合同图的差异工程量，由此引起双方争议。

业主要清醒地认识到项目策划工作并不是一蹴而就的，项目需要会随着项目的开展不断丰富和发展，必须根据环境和条件的变化不断进行论证和调整。

1.3.2 项目沟通

纵观国内外的项目管理领域，"沟通"在加深共识、避免矛盾、提高效率方面的突出效果得到了管理者的一致认同。通用电器公司总裁杰克·韦尔奇曾经说过："管理就是沟通、沟通再沟通。"项目建设属于人为活动，所以项目管理必须着重关注"人"，这个因素关系到项目建设是否能够成功。PMBOK1.0版至最新版的更新过程中，始终强调对沟通管理相关方法、技术的研究。同样，在笔者近20年的管理经历中，也一直致力于项目沟通方法、技术的总结和开发。

1.3.3 项目流程

纵观建设领域，项目的无序管理或过度管理现象比比皆是。究其原因，无非在于管理者倾向于利用经验和关系，或过分依赖繁复冗余的制度和流程来管理，从而限制了项目管理本身的灵活性。为此，每一个项目管理者不妨在流程应用前进行自我反思：应该如何制定清晰的项目脉络，规避其结构的不合理给项目整体管理造成的不良后果。

最新一版《项目管理知识体系指南》（PMBOK）收录了有关项目管理领域的范围、时间、成本、质量、沟通等10大模块的知识要点，清晰的界面划分，为每一个参与制定流程的管理者提供了极富专业性的指导思路。值得注意的是，《项目管理知识体系指南》（PMBOK）的编制者也认识到不同领域项目管理实践中的显著差异，并指出："项目管理知识体系中的良好做法能有效提高很多项目成功的可能性，但并不意味着这些知识总适合一成不变地应用于所有项目，组织或项目管理团队负责确定哪些知识适用于具体项目。"基于以上理论，笔者结合多年的大型项目设计管理经验，归纳出包含进度、质量、变更、专项、沟通的五大设计项目管理模块，并实现了这些模块管理的制度化和流程化。在本书的前面章节笔者也曾提到建设项目是非重复性的一次性努力过程，因此，要尤其注重区分建设项目流程的应用与大多数传统制造企业倡导的以流程为导向的管理理念的不同。

1.3.4 项目经理

现行的项目制度给予了项目经理技术和行为上的双重压力。通常提到项目经理的工作职能，可能大部分人会是这样的观点："项目经理既担任了项目群面管理的领导决策工作，又担任了项目的执行工作，同时兼顾项目的行政管理和技术管理的工作。"以上对项目经理职能的深刻描述意味着其在项目中的核心和焦点地位。为了更直观地体现项目经理对项目成败起到的关键性作用，笔者结合《项目管理知识体系指南》（PMBOK）的判定及对已完成的50个项目的跟踪调研结果，从项目团队内部及外部两个视角出发，总结出以下观点：项目经理对内体现了项目团队50%的工作能力；对外决定了业主方60%～70%的用户体验。具体原因阐述如下：

1.项目经理是项目团队组织知识和组织经验的汇集点

建设项目的复杂性要求优秀的项目领导者除了具备沟通技巧、影响技巧、智力能力、抗压能力等多方面特质外，最应该具备的重要特征是拥有扎实的组织知识和组织经验。从项目角度来说，一个合格的项目经理在项目管理过程中必须要具备这类特质，因为项目管理工作不仅要实施方案，合同管理以及财务方面的工作也会有所涉及。对于绝大多数项目成员而言，项目经理的这一核心领导者是他们实现由被动管理转向主动追随的重要驱动力。

2.项目经理是业主单位与项目团队的联系点

基于业主与其他参建单位在专业知识领域信息的显著差异，项目经理应根据自身良好的素质及熟练的项目实施管理经验、经营技巧，协助业主就目标、各个参与方之间的沟通等方面的内容展开交流。随后，向团队准确无误地传达沟通内容并组织团队对项目过程中的重点、难点展开充分讨论。同时以项目目标为导向，将项目成员进行合理地组织分工，最终实现对项目成本、人员、进度、质量等方面的全面把控。

3.项目经理是项目各参与方工作的牵头者与协调人

从建筑行业对技术的特殊需求性考虑，业主方往往要面对数量众多的设计单位、管理咨询单位、施工单位。为确保各个参建单位深刻理解业主的需求，使业主的各项要求得以贯彻实施，项目经理应主动对各参与方进行协调，解决各个专业之间的技术衔接问题，保证各参建方对项目理解的一致性及交流的有效性。

此外，需要指明的是强调项目经理的重要性并不是为了突出项目经理一人的作用超过了整个参建团队，而是为了让大家明白，在复杂的大型建设工程中，即使拥有技术人员和施工团队，没有项目经理的从中管理和协调，项目的资金、时间和质量都很难达到目标。当然，没有项目团队的协作和管理，拥有可靠技术以及丰富项目经验的项目经理仍然无法确保项目顺利完成。

本节，笔者主要依据自身在设计项目管理领域的经验，对影响项目成功的要素进行的总结，希望通过个人20多年来的切身体会，协助业主辨别影响项目成功的关键环节。

1.4 项目全生命周期设计管理

随着建设工程的难度增加、规模扩大、技术革新，工程建设现在已经步入了一个新的发展纪元，而与可见的规模扩大相对应的是，工程项目的管理难度也随着工程建设的发展提高到了一个新的阶段。从意识到管理对于建设的重要性以来，管理已经逐渐发展成为一个自成一派的知识体系，一个项目不论其规模或是深度大小如何，策划、评估、决策、设计、施工到竣工验收、投入生产或交付使用这些步骤在整个建设过程中都是不可或缺的，笔者自10多年前在建筑设计单位从事设计管理工作以来，见证了项目管理这一相对新生的服务模式被引入设计单位后带来的一系列变革。

面对变革，笔者曾一度对设计管理的定位也产生了深深的疑惑。但在实践中不断地摸索思考后，才逐渐明晰了本书所提到的全生命周期设计管理的角色定位，并非指项目管理方法被大范围引入建筑行业生产环节组织设计生产，而是指社会分工细化后，在施工方、业主方及设计方之间产生的新的分工。

区别于设计管理方自身独立管理产品的设计管理应用，全生命周期设计管理更多的是面对工程项目建设方、面向业主的服务模式。要想成为一个优秀的设计管理方，必须要求其具备开展全生命周期设计管理的独特优势：

（1）行业技术优势：设计管理方必须拥有强大的设计力量、设计资源整合能力以及丰富的项目经验，可以为业主提供范围更广、力量更强的技术支撑。

（2）行业资源优势：设计管理方需要在以往各种类型的项目中积累丰厚的行业资源，具有数量众多的国际知名的专业及专项设计协作单位，是具备强大的综合技术资源整合能力的基础。

（3）行业视角优势：设计管理方要拥有对行业新兴事物的感知及发展趋势的前瞻性，给予设计管理人员独特的行业视角，可以为业主提供更多前沿的增值服务。

设计管理方利用行业技术、资源以及视角优势，不断将服务向两端延伸，全生命周期的设计管理服务产品围绕工程项目建设的程序也在不断拓展。如果将工程项目建设程序按照常规划分为常见的项目前期准备、项目中期设计、项目后期实施等阶段，图1-2则表明了各阶段设计管理服务提供的主要产品。

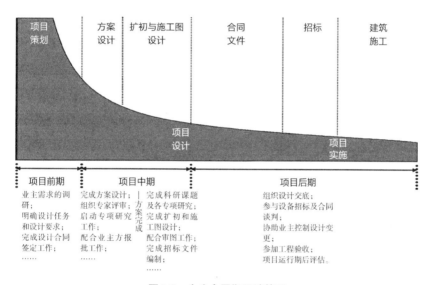

图1-2　全生命周期设计管理

1.4.1　前期策划与研发

前期策划与研发的目的主要是协助业主明确需求，理清上位规划，最终明确设计任务和设计要求。全生命周期的设计管理在此阶段的主要产品包括但不限于：

（1）宏观背景研究：通过前期调查研究收集相关资料，对项目开发背景及边界条件进行分析，在充分了解市场情况的基础上，把握项目未来发展走向；在掌握项目开发背景的基础上，通过国际国内类似项目开发情况的梳理总结，为本次项目开发形成参考依据。另外，通过挖掘项目所在区域的特点，为之后的开发提供基础。

（2）功能定位研究：项目合理的定位是后期功能架构及招商等活动的关键。在项目背景梳理的基础上，结合项目的区位条件、市场需求情况等，综合分析项目的优势、劣势以及面临的机遇和挑战，以明确项目的服务对象、服务范围、项目特色等，从而为项目确定合理的功能定位。

（3）开发规模研究：开发规模往往是功能定位之后，业主方最为头痛的一件事，这也决定了下阶段功能设置、空间布局、运营管理的走向，总体开发多少，是否分期开发，每个阶段开发量多少，往往需要结合市场情况、资金的投入和回收等进行谨慎分析。

（4）功能业态研究：功能设施是项目总体定位的物质载体，同时也是项目服务对象需求的直接体现。在总体定位之下，搭建功能架构，从产业发展的需要、城市生活的需要等多方面对项目的功能类型进行设定，确定核心功能、辅助功能及配套功能。根据项目未来入驻人群的需要确定功能比例，并通过经济效益分析，保证功能业态比例的经济合理性。

（5）空间布局研究：空间布局作为整个项目设想的最终落地，将影响到后期项目的活动组织等，应体现因地制宜。因此，空间布局层面的分析将会针对项目范围内的具体条件，分别设定功能板块，明确空间结构。

然而近年来，随着建筑市场的逐步发展与成熟，以及建筑项目规模的不断扩大，高端业主对项目设计品质、设计过程控制有了更高的需求。当一个成熟的设计管理团队能够在更多的项目中向设计价值链前后端延伸，业主会在后续别的项目建设中倾向于选择对项目规划更深化、对技术更新更了解、对资金投入更谨慎分析的管理方。前期的良好策划和精心研究对一个项目的后期进展的作用是十分重大的。

1.4.2 中期设计过程管理

理清了项目的运作模式以及业主的需求与设计任务书，工程项目推进便进入中期设计阶段。中期阶段的设计管理服务是从业主需求出发，以最大限度满足业主需求为目标，为业主提出个性化的设计管理服务工作计划，并在业主授权范围内代表业主对设计工作进行全过程管理、协调和控制，保证项目顺利推进。

设计管理服务基本内容包括进度管理、技术协调、变更管理、分包管理、沟通管理。根据业主方的需求不同，还可以提供范围管理、前期报审配合、技术规格书编制、科研管理等增值服务。

设计总承包加强了设计管理在综合型项目中的作用，由一家单位全权负责全过程的设计协调，这项设计协调工作涵盖了各合作设计单位之间的协调以及主体设计与专项设计之间的协调，适用于工作界面复杂、沟通渠道繁多的超大型综合类项目。

近年来，随着卓有成效、务实的设计管理流程及方法在重大项目上取得的成功，开发企业与管理方的设计管理合作形式也在不断地拓展，前面已经明确本书所指全生命周期的设计管理主要是面对业主、开发商，因此，在建设项目中，设计管理方从部分承担业主方的工作过渡到了完全承担业主方的工作，即"代甲方"设计管理模式。对设计管理方来说，这种新的管理定位可以更有效地应用于大型复杂性项目。

1.4.3 项目实施策划

一个工程项目的开发建设似乎都是从未知走向已知，再走向落地，试想一个工程建设项目在完成了具有可行性以及前瞻性的策划，并拿到高品质的设计成果后，已经在项目建设过程中成功了一大半，如何实现成果的落地，也最终决定了项目的成功与否。工程承包商采购环节对工程建设至关重要，一家有能力的总承包商对工程施工进度、质量和投资的把控将有助于更好地贯彻并实现工程建设目标。

多年的项目经验积累，让笔者总结出工程承包商采购必须做到：保证招标文件、程序以及合同文本格式符合国家法律、规范；一个项目的各类承包商的资质、能力满足项目对施工方质量、施工进度以及投资控制的要求；合同条款确保支持工程项目的变更管理和风险管理。为了满足上述要求，在工程项目进展过程中，对工程承包商采购方面的主要管理工作为：

（1）确定采购策略。按照业主—项目管理单位的流程，应在项目正式启动前，初步制定采购计划，并制定所采用的项目管理模式。采购策略应当在项目实质性启动之前初步制定，并明确相关大节点，其中包括了与总进度计划相匹配的采购计划、技术规格核实、工程量清单的审核、资金配合计划、合同格式、交付逾期以及财务风险等。

（2）审核采购计划。根据工程总进度计划，完成项目材料编制、制定设备采购计划，并根据设计文件以及审核设计单位提供的技术章程，来完成材料、设备采购招标文件、评标标准的编制，以选择合格的供应商。

（3）对采购流程提出建议。针对采购流程，需要特别注意以下几点：一是采购标的清单；二是供应商清单；三是技术规格；四是招标形式；五是预算。若该项目已纳入政府采购范围，则需遵循政府所规定的采购程序，图1-3表述了一般项目的基本采购流程。

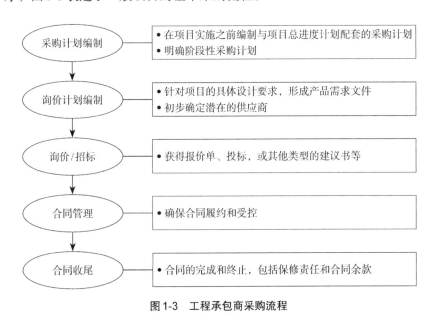

图1-3　工程承包商采购流程

1.5 本书的框架

建筑行业的发展一直和经济发展紧密关联。伴随着这些年中国经济体量的高速增长，建筑行业从体量、高度、复杂程度上，一次次地刷新从业人员的技术水平。与此同时，对项目管理人员的要求也与日俱增。设计作为工程项目的重要组成部分，其对应的设计管理工作也是项目管理中不可或缺的一大领域。对于初入建设项目领域的管理者和项目投资人来说，本书给予了他们一个大致的框架体系去初步了解项目管理所涵盖的内容；对于有多年项目建设经验的管理者来说，学习结合本书中笔者曾经所执行的实际项目，能够为其带来生动的实践借鉴意义。这本书的内容涵盖了从设计管理的初步概念延伸至笔者对于未来项目管理方式发展的期望。

本书一共7个章节，灵感来源于笔者团队所参与的众多国家重点工程项目，通过十余年的实践经验总结，可将其概括为"3+2"分章节叙述。"3"对应着传统项目管理的三控，即进度、质量及投资控制。笔者针对设计工作的特点，将投资控制改为变更管理，通过对设计变更的控制进行投资管理。而"2"代表了专项管理和沟通管理，由以上5个主要构成部分组成设计项目管理的核心内容。

第1章概述了为什么需要设计管理，设计管理在项目管理中的重要程度，以及成功的设计项目管理需要重视哪些因素。

随后几章的内容富含设计管理特色，从设计项目管理者的需求出发，针对管理的各个环节，将项目管理中可能遇到的种种问题逐项击破。

第2章对设计进度管理进行阐述，结合大量的实际工程经验向读者阐述如何为每个项目量身定做切实可行的进度计划。同时，考虑到项目建设滚动发展的特性，对于如何执行计划、计划发生偏差时如何应对等方面进行阐述。此外，笔者也不局限于现有的熟悉技术，扎根工程却也展望未来，对新一代的进度管理技术进行了简单介绍，为有能力、有想法的读者做一些基础铺垫。

第3章是对如何控制设计质量的介绍，解答了管理者不懂设计专业知识而无法把控设计质量的问题。另辟蹊径地从质量管理体系上保证每一张图纸的设计质量。同样，笔者也为读者提供质量管理的理论基础，使得管理者有依可寻。

第4章则是授之管理者如何控制设计变更，纠正了业主方将设计变更看作为是设计失误所造成的错误观念。变更是无法避免的，业主方需调整心态，以正确的观念看待设计变更的出现，防患于未然，直面设计变更从容应对。此外，本书还为读者提供了新思路，从合同架构管理出发控制变更。

第5章针对设计任务的分包管理进行阐述，随着业主方对项目需求的不断拔高，笔者不得不将部分设计任务分包给更具专业设计技能的专项设计单位，从而满足项目建设需求。若将建设项目视为工业产品，各部零件采购于全球不同的顶尖生产商，集合各地的优秀工艺，打造尖端产品。那么建筑行业是不是也能够效仿此点呢？

成功的设计项目管理少不了与各参建单位的良好沟通，本书第6章便针对如何识别项目干系人，从各方需求的角度出发，告诉读者一个有经验的项目经理是如何与不同干系人间进行沟通交流的。另外，本着与时俱进的态度，本书也对现代信息技术简要介绍，为项目管理人提供新思路、新工具。

以上是对传统设计项目管理的几大模块进行的阐述，但随着时代的发展，新管理技术的不断革新，项目管理者脚踏实地的同时也不能忘记仰望星空。结合自身在项目中所遇到的棘手问题，或是那些传统管理方式难以克服的难点，笔者阅读了大量国际先驱研究机构的论文、著作，结合与国际单位合作过程中所看到的优秀管理方式，不断反思，在第7章中，将笔者认为极有应用价值的敏捷管理为大家进行了介绍。

为了帮助读者更好地理解设计项目管理，本书有针对性地选择了多个笔者所经历过的实际案例，涉及建筑行业的多个大型项目，图文并茂，深入浅出，可读性极强。因此，从某种程度上，可将本书视为一本从业主角度讲述设计项目管理的案例集。笔者不惜留出一整个章节的部分，向读者展示国内一流设计管理团队所参与过的工程，同时也是对自身的回顾，学会不断反思、提炼经验，才能更好地展望未来。

全书7个章节，组成有机的整体。严格意义上来说，这本书不是一本设计管理的专著，也不是教科书，而是笔者在从业多年，经手了众多建设项目的有感而发，目的也是"抛砖引玉"，为促进我国设计项目管理的发展、成熟尽绵薄之力。

第2章

关键路径：把握设计进度的"金钥匙"

中国2010年上海世博会演艺中心

上海世博会演艺中心是世博园永久保留建筑"一轴四馆"的重点项目，是世博园浦东A片区的标志性建筑。这座呈飞碟状造型的建筑占地6.7万m²，总建筑面积12.6万m²，是一座世界级的大容量多功能演艺场所，也是世博会永久建筑中设计和施工周期最短的项目。

项目功能定位要求演艺中心的建设需要考虑世博会期间以及会后的综合开发和利用。2007年末，世博中心、世博轴都已进入初步设计，而彼时演艺中心的方案刚刚确定。

2007年12月30日，演艺中心打下第一根试验桩，成为世博园"一轴四馆"中最晚开工的项目，当时距离2009年底工程竣工的建设目标只有2年时间，设计进度成为业主以及各方共同关注的焦点。

然而，演艺中心的进度紧张还不单纯只是一个设计进度问题。这个项目灵活的功能要求决定了设计过程诸多的不确定性和极大的风险，设计方案不仅需要满足各功能组合的协调统一，实现使用灵活性的运营要求，还需要考虑可扩展性和预留设计以应对变化。在实施过程中设计管理不仅关注主体设计，同时做到了满足专项特殊的工艺要求，与主体统一，进度上协调、质量上受控。

编制经过统筹考虑的进度计划是项目进度控制的第一步。进度计划是进度管理的主要依据，尤其是面对设计进度被压缩，而建设进度关门节点不倒的情况，能否尽可能详尽和准确地做好设计前提、制约条件梳理，就设计全过程中各相关环节和因素进行统筹考虑，形成设计工作流程与进度制约的关系的分析、逻辑安排和风险预警至关重要。

找到制约设计的关键路径是进度控制的关键环节。设计不是一个独立的环节，在形成总进度节点后，应当从项目前期报建报批、工程施工及后期运营等多个方面考虑，找到整个工程实施过程中影响设计工作展开的制约因素，绘制关键路径图。

有了关键路径图，细化设计任务以形成可控的WBS设计任务清单也很重要。在演艺中心的设计出图计划中，着重考虑了专项设计、各专业间的协作关系及人员投入对设计进度的影响。在项目管理过程中，项目管理团队在签订合同之前已形成设计进度计划，将分包单位及设计时间进行较精准的定位。2008年下半年和2009年，项目的出图任务达到了最高峰，面对纷繁复杂的设计任务子项以及庞大的技术信息，管理团队和设计团队共同商议，采用了"细化的设计任务表"来实现设计各专业间的互动和动态的进度管理（表2-1）。

演艺中心项目局部设计任务单　　　　　　　　　表2-1

工作范围	相关人员	工作内容	进度要求		备注
			开始	完成	
地下室	A	地下通道施工图		07月07日	核对出地面楼梯
	B	音乐俱乐部声学配合	06月30日	07月07日	
	C	平面调整	06月23日	07月10日	完成最低标准面积表
首层及总体	D	内街立面	05月29日	07月10日	——
	E	内街立面风口定位	——	07月04日	——
	F	草坡及下部平、剖面	05月29日	07月04日	游船码头休息室需业主确定
	G	草坡台阶、天桥定位	05月29日	07月04日	——
	H	平台天窗、抗震缝定位		07月04日	——

工作范围	相关人员	工作内容	进度要求 开始	进度要求 完成	备注
首层及总体	I	钻石体调整	06月06日	07月04日	平面细部尺寸及楼梯
	J	平面调整方案	06月23日	07月10日	完成最低标准面积表
	K	高架步道方案确定	—	07月10日	需业主确认
	L	锅炉房建筑提资	—	—	总体定位确定
场馆区	M	楼梯放大图校核	—	07月04日	节点需与结构讨论
	N	电梯、自动扶梯校核	06月02日	07月04日	—
	O	卫生间放大图校核	—	07月04日	第二稿
	P	立面进排风口位置确定	06月06日	07月15日	—
	Q	大屋面排水系统确定	05月29日	07月04日	—
	R	场馆建筑声学配合	06月06日	07月15日	声学所
	S	场馆升降隔断方案设计	05月29日	07月15日	总装
	T	场馆升降屏配合	06月02日	07月15日	制造商
	U	平面调整	06月23日	07月10日	完成最低标准面积表

切实有效的进度监控和预警措施是确保进度执行的有效手段。进度计划编制后，项目各个参与方需要共同遵从、严格执行。重要控制节点是进度监控的重中之重。根据设计工作的特性，本项目中重要出图节点提前5个工作日进行提醒，其他重要节点提前2个工作日进行提醒。基于丰富的项目经验，根据进度已执行情况进行预判。当认为可能出现问题时，召集协调相关专业单位，进行风险预警。以期望事先解决问题或提前采取降低风险的措施。

2010年5月1日至10月31日世博会举办期间，世博会文化中心上演了数万场来自世界各地的文化演艺活动。2011年，"梅赛德斯-奔驰"正式冠名，世博会文化中心演变为今天被大家熟知的"梅赛德斯-奔驰文化中心"。投入商业运营后，梅赛德斯-奔驰文化中心继续活跃在世界文化前沿，每年接待宾客数以百万，这里是国内最高规格、世界一流水准的现代文化演艺综合场馆。

概述

本书作者参与的众多大型建设工程中，有大型国际会议的开幕式会址，有为城市大型盛会配套的枢纽型机场，也有提前5年甚至更久就已确定入驻时间的央企总部。上述项目都有一个共同的特点——能否按时完成是决定项目成败的决定性因素。对于业主方来说，投资预算可以适当增加，非关键部位的质量标准可以适当降低，进度目标没有发生任何延误的可能。如同奥运会这类当今世界上最具影响力的国际事件，大型项目对于一座城市乃至整个国家的影响是多元化的，不仅表现在经济领域、社会领域，甚至在政治领域也有着更为重大的影响。

设计进度作为影响整个工程进度的关键因素，历来被大型工程的业主所重视。但对于如何实现有效的设计进度控制，工程界采取类似进城务工人员讨薪式的上门催图讨图式的方法，理论界给出的解决方法更加类似于解答高等数学题：

- 进度计划编制变成了各种甘特图和网络图的编制教程；
- 进度执行监控简化为了对设计单位的节点追踪；
- 近年管理理论的发展几乎变成了数学模型的天下。

设计作为通过智力劳动创造价值的过程，有着其特殊性和特点。设计进度的编制并不是一个完美地、严谨地推导出正确结果的解题过程。它需要经验和耐心，慢慢地理清脉络和重点，编制一个可实现目标而又具备一定弹性的进度计划是进度管理的核心。

2.1 如何编制一个切实可行的进度计划？

项目进度安排是将项目目标转化为成果的可行方法。通过进度安排可以得到一个时间表，并条理分明地显示出项目活动之间的逻辑关系。由于进度目标对于项目的重要性，准确编制进度计划是保证项目取得成功的关键。

项目进度计划的编制是一项复杂的任务。它涉及一系列的相关步骤，如同拼凑一幅拼图，首先需要设置好边界（明确各种制约因素），然后再努力将各个碎片（工作）按照一定的逻辑（前后关系）组合到一起，从而拼出一幅完整的图画。关于编制项目计划的方法和技术，在众多的项目管理书籍中均有详细的介绍，笔者无意将其作为本节讲述的重点。

进度计划编制的目标是建立一个获得各方认可的进度计划。因此，在编制设计进度计划之前，应认识到进度计划既是项目工作开展的行动指南，更是进度信息沟通的载体。一个理想的进度计划首先应满足不同管理层次对进度信息的需求。

2.1.1 进度计划的表达是分层次的

进度计划是用来向业主以及各执行者表达行动计划安排的信息载体。由于项目建设内容和设计工作内容的多样性，并且业主与执行层对于进度信息的掌握需求又存在天然差异，进度计划的表达应进行区分。

对于项目决策者业主而言，在进度控制上比较宏观。一个面面俱到，将所有建设内容都纳入的进度计划是不利于决策的，一个突出体现关键路径的进度计划胜过庞杂而全面的进度计划。对于业主来说，进度计划是项目决策的基础和依据，是工程建设项目开展以及与外部相关单位协调的行动指南，是用来明确各部门岗位任务的分工，传递不同任务责任到各个责任主体，确保各项工作有效落实。

对于项目的执行者而言，进度是保证一个工程有序、优质以及高效地开展各项工作的前提。对于一个工程的建设，需要多个单位的参与，而每个单位又涉及多部门的配合。任何一个部门、单位存在的"短板"都会造成进度计划执行的落空，所以进度计划的编制就要考虑各方面的因素，将工程中每一项活动甚至工序的开始和结束时间都制定下来。一个全面完整、详细的进度计划有利于保证执行者在后续实施过程中的有效落实。

2.1.2 如何编制满足不同层次需求的进度计划？

在弄清楚不同项目参与方对于进度信息的需求差异后，下面就来看看该如何满足这些不同类别的需求。目前较为普遍的进度计划编制方法中，大多采用网络图和甘特图这两种方式。《项目管理知识体系指南》（PMBOK）中项目计划的编制这一过程可以定义为识别项目目标、对完成项目的必要过程进行排序、识别各个活动或任务所需要的资源类型和数量的过程。网络图和甘特图在对项目活动进行排序和资源识别上各有建树。

1.网络图进度计划

网络图进度计划的基本原理是：完整定义项目开展过程中所有活动的逻辑关系，即从项目开始直至结束，所有的任务必须是其他任务的前置或后续。网络图由两个重要的元素组成：

● 活动（也称为"步骤"）：仔细定义完成项目目标所需的所有活动是完成进度计划编制的"关键"。

● 逻辑顺序：分析活动的逻辑次序关系，确定各项活动之间的合理顺序，是成功绘制网络图的"基础"。

实践中的项目经理2-1

多与少的抉择

年轻有为的设计院项目经理最近碰到了一件心烦意乱的事情，因被领导赏识，他参与了"金砖银行"这一大型项目。他努力把项目汇报书做到最好，但是他的第七版项目汇报书和前六版一样又被领导一句"你再仔细想想怎么做得更清楚一点"给退了回来。他困惑地翻看着手头上厚厚一沓纸，从项目进展开始到项目结束，他都写得十分详尽，生怕领导对细节有疑问。那么到底是哪里令领导觉得还不够清楚？带着这个疑惑，他进入这段时间以来又一个不安的睡眠。

过了几天，他还是一点头绪都没有，只能打开电脑把流程细细地理了一遍，把他觉得描述得不清楚的地方详细地加了一大段文字。适逢项目秘书小李来到他的办公室递送项目进展书，进展书薄薄一份，他匆匆浏览了一遍，觉得小李做事就是令他放心，进展描述得十分清楚不用他多操心。这时，他忽然意识到，小李给他的进展书不就和他交给领导的汇报书是一个性质的吗？对领导来说，他看的不过是项目的重要进度节点，但是汇报书厚厚一沓，全面的进程对领导决策而言就是累赘！

想通了这点，他心里的忧愁一下子没有了，把原来厚厚的汇报书，精简到最重点的地方，这时汇报书只剩下薄薄几张。当把这几张纸交给领导看后，领导脸上满意的神情，终于令他松了一口气。

构建网络图最常用的两种方法是双代号网络图（Activity-on-Arrow，AOA）和单代号网络图法（Activity-on-Node，AON）[①]。在AOA中，箭线代表活动，节点用来连接活动，表示一项活动的结束和下一项活动的开始。而在AON中，节点代表活动，箭线代表这些活动之间的逻辑顺序。对于网络图的构建，有两种基本的技术手段，计划评审技术（Program Evaluation and Review Technique，PERT）和关键路径法（Critical Path Method，CPM）。然而在实际应用中，PERT和CPM的差异逐渐呈现模糊化趋势，因此，现在通常将上述网络技术统称为PERT/CPM。

（1）计划评审技术PERT：一种基于事件和可能性的网络分析系统，在项目中用于定义那些很难估计的活动的历时。PERT是在20世纪50年代由美国海军、博兹管理咨询公司（Booz Management Consulting）和洛克希德公司（Lockheed）在20世纪50年代联合开发北极星导弹项目的构想。PERT一开始是被用于为难以估计活动历时的研发领域做可能性分析。

（2）关键路径法CPM：一种网络分析技术，用于确定哪些活动构成浮动时差最小的路径，我们可以通过它确定项目的完成时间。它是伴随PERT技术同时出现的产物，是杜邦公司独立研发的技术。关键路径法CPM在过去用于工程建设领域较多，这种技术与PERT在主要活动持续时间估计假设上有差异，CPM对活动持续时间的假设是确定的，PERT对活动持续时间的假设却是不确定的。

---

① 中华人民共和国行业标准.工程网络计划技术规程JGJ/T 121—2015.北京：中国建筑工业出版社，2015.

引用关键路径法的定义① 来说，所有在关键路径上的活动都被称为关键活动，关键路径上的任何一项活动滞后都会导致整个项目完工时间产生滞后。正因如此，若是关键路径的耗时缩短了，总耗时也会随之缩短。相反，随着关键路径耗时的增加，总耗时也会随之增加。改变非关键路径活动所需要的时间并不会对整个工程耗时产生影响。

通过关键路径法突出网络图中的关键路径，可以把设计过程中各个主要工作（工序）间相互依赖、相互制约的关系清晰地表示出来，从而反映关键路径，突出工作重点。在标注关键路径时，也需要标注每个关键节点所需要投入的资源，这样可以更加有利于避免项目决策者做出盲目性的决策，促使他们做出有科学根据的决策。

2.甘特图进度计划

甘特图是由哈维甘特于1917年发明，是绘制网络图最早的尝试。它最大的特点是，按照日历时间的基准排列项目活动，从而使项目团队成员在项目开发期间的任何时期都清楚项目的状态。甘特图的优点在于②：

● **清晰易懂**：甘特图是通过将所有的活动连接起来以建立一个前导网络。甘特图是沿着时间线水平展开的，这样可以便于看图者能够快速识别时间点。

● **进度基准计划网络**：甘特图与实际时间信息连接起来，除了最早开始时间、最早完成时间、最晚开始时间、最晚完成时间和浮动时差，能为项目活动提供更多的信息。

● **识别资源需求**：按照进度基准计划来布置整个项目，使项目团队在需要资源之前就能很好地制订资源计划，从而让资源进度计划变得更容易。

● **容易创建**：甘特图很直观，因此它是项目团队最容易创建进度计划的工具。

① Bie L，Cui N，Zhang X. Buffer sizing approach with dependence assumption between activities in critical chain scheduling[J]. International Journal of Production Research，2012，50(24)：7343-7356.

② 丁士昭.项目信息门户的特征和发展趋势的探讨.中国建筑学会工程管理分会2004年学术年会论文集.北京：中国建筑工业出版社，2004.

由于甘特图易于创建、便于阅读的特点，它被认为是最适用于指导进度执行的进度计划。此外，甘特图与资源计划（特别是人力计划）的紧密联系，甘特图进度计划还有利于执行者进行合理的人员分工。

2.2 如何保证设计进度执行？

2.2.1 传统的进度控制手段

项目在执行过程中，需要按照确立的目标和预计会用到的资源来编制进度计划，提前调度各类资源为项目服务，从而在目标时限内完成项目建设。但是在现实项目执行过程中，项目管理者会遇到各种各样的干扰因素，如人力资源的调动、物料的成本变动、审批流程的拖延等。在这种外界因素不断变化的情况下，传统进度手段采取的方法是通过频繁检查来确定进度的偏离从而能积极应对这种无法预测的状况。传统进度控制手段在项目执行过程中，定时观察项目的进展状况，把项目实施过程中的每一项工作开始时间、完成时间、耗用物料、人员工时和进度进展都详细记录在册。通过这种检查方法可以随时将现有进展和进度计划作对比，出现有进度发展中的差错时，在错误随着进度发展为更严重的态势之前及时进行调控。

● **制定并遵守计划**：在项目建设正式启动以前，完成项目进度的编制和实施计划的审核，在工程建设过程中，采取各种控制手段，以确保各项工程活动按计划及时进行，按期实施。

● **持续沟通与监督**：建立项目的信息管理系统，及时向领导汇报工作执行情况，并随时与各职能部门同步沟通整体项目的进程信息，以加强各方之间的协调和督促。

● **实时调整**：结合工期、交付成果、资源消耗、预算等指标，综合评估项目当前进度，更新项目实况进展，并对比已制定的项目进度计划。

● **分析预测**：找出两者之间的偏差，分析其中的问题和原因，及时采取纠正措施或预防措施。同时，对偏差造成的项目目标影响进行评估，分析项目进展情况，并对后期进展状况和可能出现的问题进行预测。

如果没有责任压力，项目参与各方往往不会自觉地进行检查工作，因此传统项目的进度控制常常通过合同的惩罚性条款来约束项目参与各方及时采用有效措施，以此来保证项目进度的顺利执行。举个最常见的例子，在工程总承包EPC合同中经常会出现的惩罚性条款：因承包人的原因延误工程竣工日期的，承包人应当承担延误的赔偿责任。每日延误赔偿金额和每日累计的最大赔偿金额会在特殊条款中规定。发包人有从工程的进度款、结算款和约定提交的履约保函中扣除补偿金额的权利。

责任意识淡薄、信息不实或缺失、合作部门失误等各种因素都会对工期产生影响。但是，有许多延误的情况都是可以避免的，例如提高工作人员的信心和改进信息系统。

2.2.2　人力资源在设计进度中的关键作用

对于大型建设工程的设计来说，目标是按质、量、时间的要求去完成项目各阶段的设计工作和各专业设计的进度目标。建设工程的设计工作交付的是智力型的产品和创造性的服务。可是由于设计工作的特殊性，一旦设计进度发生滞后，设计单位往往会将滞后归因于未能满足设计前提和工作界定等原因，即使不存在上述困难，也鲜有项目会因为设计进度滞后对设计单位进行处罚。抛开各种复杂的外部因素，如何才能对设计工作这一高智力的创造性工作进行进度管理以保证设计工作进度能顺利进行？经验告诉笔者：

人力资源的投入是保证设计进度的关键。项目定义的特征之一就是约束性和局限性。例如，对于一个普通建设工程来说，由于工程材料和机械设备等资源的种类繁多且需求量巨大，管理人员会十分注重物质资源的需求，但往往会忽视设计阶段过程中最为重要的人力资源。

人力资源不同于其他种类的资源，是影响项目完成的直接因素。所有项目活动都是人为实行的，是人们为了完成项目目标而耗费财力、物力和时间资源来创造更大的价值。因此，人力资源是一种连通着其他资源与目标实现的中介资源。

根据笔者多年的工作经验发现，针对设计工作这一高智力的创造性工作来说，造成项目进度滞后的关键因素往往就是无法保证足够的人力资源的投入。当设计项目没有足够的人员时，每个员工可能会被分配多项任务，那么他们就需要更长的时间来完成手头的任务，造成项目团队陷入被动的局面。因此，在项目编制进度计划之前，设计团队就要与业主方制定人力资源的使用计划，用来确定各个设计阶段人力资源的需求量和投入量。

在保证足够的人力资源投入的情况下，还需要做到的就是确定这些人力资源的可用性。首先，必须保证投入的人力资源足够专业，专业意味着效率，运用专业人才会缩短项目时间进度。但即使在大型的设计工作中，非常优秀的专业设计师也是非常稀缺的。并且，由于不同的项目通常是从同一人力资源库中选择资源，往往一个人身上会肩负若干个项目。但是笔者发现，实际项目中并不是那么简单，如果出现新的项目且与旧的项目相比拥有优先权，那么已经制定的资源可能会被放弃。即使是承诺参与项目且能够出力的人员，还可能有其他个人问题，例如有特定的假期或者不方便的个人时间，这些都会导致前期的项目进度计划的编制过于理想，导致设计项目进度无法顺利执行。

2.2.3　工作包的编制

如果说在确保每个进度节点都配置了充足可用的人力资源的情况下，如何保证项目进度的顺利落实？答案就是：工作包[①]。

在项目进度管理中，对项目工序的合理划分是高效完成进度管理的基础。工作分解结构WBS就是把一个项目按照一定的规律和原则分解成若干子项目或任务，再把任务分配成各项具体工作，直到分解至满足要求或无法再继续分解为止。工作包的定义就是工作分解结构中的最底层，其核心是通过逐级分解，将复杂的、系统的工作拆分为相对简单的、可度量的工作包，通过对工作包的有效管理，进而实现对整个系统工程的管控，确保整个项目顺利进行。

---

① （美）哈罗德·科兹纳（Kerzner H）著.项目管理：计划、进度和控制的系统方法 [M].杨爱华译.北京：电子工业出版社，2014.

编制工作包可以把工作分给个人，明确规定责任，还可以规定所用工时。根据工作包可以定量地核算每个人一年所完成的工作和工时，有利于对设计工作者的考评。通过要求设计单位编制工作包，可在进度计划编制阶段评估设计单位资源分配与上报进度是否合理，发现有超额分配或进度问题立即平衡资源、调整方案，也可以在执行阶段监控设计单位资源的实际投入情况，确保进度的按时推进。

那么，如何建立有效的工作包便成了进度控制的关键，特别是对于大型建设工程的设计工作，有效的工作包可以使设计工作事半功倍。工作包应该被当作一个可交付成果的小项目来对待，所有的工作包组合起来就是完成项目所需要的全部工作。设计阶段进度控制是按照不同阶段设计进度目标将项目分解成小的个体。例如：把施工图设计进度分解为基础、结构、幕墙、机电及装饰装修设计等子项目，明确开始工作的前提条件，详细说明该工作包内应进行的全部工作，包括指标、进度等各方面要求。

工作包需要编制得足够详细，以便推动进一步的计划和控制。项目经理要确保把创造可交付成果的工作分配给可以胜任的人完成，这些人必须能对进度进行估算，并能对实施工作承担责任。

在大型交通类建筑的进度管理中（图2-1），率先采用了工作包进度法来进行进度的编制、跟踪执行。在编制进度时充分考虑了人力资源，以及重大技术难点、输出成果等多个纬度的考量因素，确保把创造可交付成果的工作分配给可以胜任的人完成，从根本上解决了大型交通建筑项目进度编制的合理性。

港珠澳大桥珠海口岸项目控制节点表（Ⅰ标段：珠港旅检大楼A区）

序号	主要线路	工期节点	分布图										备注
			8-5	8-10	8-15	8-20	8-25	9-5	9-10	9-15	9-20	9-25	
1	地下室	8月20日完成地坪施工，8月30日除自流平外，地下室全部完成（地面、墙面、收边、天花、机电等），9月20日完成冷冻机房安装					＊		＊		＊		主要配合中建三局施工之内容
2		8月30日完成人行通道、车行通道施工					＊						
3		8月5日完成空调风、消防水电、电气、给排水等机电脱离移交（1、2、3区）	＊										
4		8月30日完成西侧室内、半室内天花、地面、地面大部分，9月15日完成地面收边					＊		＊				
5		8月30日完成东侧半室内天花、墙面、地面大部分，9月15日完成地面收边					＊		＊				
6		8月30日完成东侧室内天花、墙面、地面					＊						
7		8月25日完成防火玻璃幕墙				＊							
8		8月30日完成柴油发电机房外墙					＊						
9	0m层	8月30日完成栏杆安装					＊						
10		8月30日完成电梯封闭，9月15日完成观光电梯幕墙玻璃安装					＊		＊				
11		8月30日完成东侧室外通路下、中层沥青摊铺，人行道铺装					＊						
12		8月30日完成东侧室外通路钢构件安装，8月30日完成油漆			＊		＊						
13		8月20日完成东侧室外通路雨棚龙骨安装，幕墙安装30%，9月30日完成香港侧雨棚安装				＊						＊	
14		8月20日完成东北、西北、东南、西南四角钢结构安装；8月30日完成涂装；9月15日完成地面					＊		＊				
15		8月20日完成出租车蓄车场				＊							
16		8月20日完成东西侧车道重力排水，8月30日完成其余部分				＊		＊					

图2-1 大型交通类建筑的进度管理

由小见大的学习

作为从业多年的项目经理，虽然具备了丰富的项目经验，但是每当遇到新项目时还是会觉得有点力不从心，如珠海口岸项目工程，这是一个大型公建项目。和以往的小项目不同，他和他的助理难以把流程和个人任务都划分清楚，但如果把一个大项目的时间、成本、流程、质量设计都交给项目经理一人来做似乎总归会出现纰漏，而且一旦出现问题，都无法清楚知晓是哪个环节出了差错。

眼看着项目进度计划的截止时间已经越来越近，他的压力很大，总觉得其中每一个流程会遇到无数的潜在问题，他看向窗外，希望玻璃窗外的好天气能给他带来一丝放松。这时，他注意到对面的楼房正在装修，他看到工人有的在砌砖，有的在装玻璃，有的在固定脚手架，每个人都有自己的任务在做。他不禁心生感慨，只要管理得当，人都能建造几十层的高楼。忽然，他灵光一闪，如果珠海口岸等大项目也可以被分成一个个明确任务和工时的工作项目，那么不就可以进行明确的管理了吗？他立马召集项目的其他负责人，将珠海口岸项目从启动到过程结束都划分为一个个工作包，每个工作包都规划好由几个人参与、明确的时间和进度。果然，这次项目的进展十分有序，每个人都参与了项目计划设计阶段，哪里出现错误、进度有哪些延误都看得十分清楚，任务与任务之间不会相互耽搁。

2.3 天有不测风云：进度滞后及风险控制

2.3.1 进度滞后的原因

设计师笔下描绘着一个立体的世界。每一位设计人员在接手新项目之初，无不满怀热忱地投入设计工作，以期望在规定期限内向业主交付富有创造性的设计作品。然而，根据笔者20多年来参与的建设项目设计管理，几乎所有大型项目都存在着不可避免的设计进度滞后的现象。考虑到设计为项目建设的首要环节，面对建设项目大型化的发展趋势，强化设计阶段的进度、把握实现总体项目的稳步推进必须作为每一位设计人员的共识。首先，设计人员需要认清导致进度滞后的几方面原因：

1.最初的进度计划过于乐观

在新项目拟建之初，不乏业主习惯陶醉于回顾过去、畅想未来的喜悦之中。凭借前期所积累的相似体量项目的建设管理经验，业主在参与设计进度编制环节中常常乐观估计设计前置条件的完成时间。但即便是手艺精湛的裁缝也需要针对不同高矮胖瘦的人进行量体裁衣。不言而喻，对于待建新项目也存在着其特定环境，诸如勘察进度、节能、地质灾害、专项评估、采购等易受到外界各方的干扰。以同体量项目的历史信息为基准进行待建项目设计进度的预估势必会存在相应的缺陷，导致项目在设计后期出现严重滞后。

2.对进度目标不清楚

一个项目成功的关键因素就是明确的目标。明确的目标不仅仅指目标设置得清晰，更重要的是设计人员要理解目标的完成需要做的工作有哪些。

"等待做什么"的工作状态成为设计行业的从业人员普遍存在的通病，由此，业主与设计方对于进度目标的模糊化定义往往成为引发后期设计进度失控的导火索。不乏出现这样的现象：业主方提出"6月30日完成扩初设计"的任务，设计人员容易理解为6月30日完成扩初图纸的设计，而其本意为以6月30日为节点，完成包含设计图纸、超限报告、消防报告等具备送审条件的所有扩初文件。

当然，除了以上原因，如自然灾害、异地建造引起的设计标准不一等特殊原因都会引发设计进度的改变。上述从人为因素角度刻画的对进度的影响普遍存在于建设项目中。

3.进度执行过程中的调整

在建设项目设计过程中，一旦业主改变建设意图或对建筑的功能做出了新的定义，势必会引起设计单位的设计变更，进而影响总体项目的设计进度。

由需求改变引发的设计进度调整在各种类型设计项目中层出不穷。在酒店、商业、住宅等项目中，由于业主需要对市场需求变化及时做出调整，对设计的调整更是屡见不鲜。根据业主需求的改变，进行设计调整及优化是设计单位的必然选择。既然设计调整是不可避免的，设计单位在编制进度计划时，就需要考虑这类因素。

2.3.2 进度滞后的处理措施

"兵来将挡，水来土掩"是解决上述设计进度滞后的有效方式。任何问题的产生都是有相应的方法去应对的，绝对不可能解决的问题是不存在的，所有问题的解决方法只有难易程度的划分以及所需成本的不同。近年来，笔者及团队从以下几个方面对项目建设进行了相应的探索。

1.预留合理进度时间

对于现代社会来说，时间就是金钱的概念可以适用于任何项目。业主方和设计方对于缩短进度的追求存在于每一个合作的项目。但是，基于建设项目大型化的发展背景下，针对设计阶段众多的不确定性以及存在的难以预测的隐性风险，业主方及设计方在进度编制阶段切忌片面追求缩短进度。过分地缩短进度会导致不必要的成本增加、相应的质量问题以及人力资源的压迫。在设置合理的流程控制点的基础上，预留合理的进度时间，该时间段的设置往往是项目赶工的救命稻草，也可有效避免项目后期设计方及业主方在项目滞后费用方面的无谓争执。

2.关注目标内容设定

目标内容的设定是一个项目在建立前期最重要的阶段。清晰合理的目标是后期工程进展过程中的重要指导方向。目标的设定不仅仅是项目必须完成的成果，同样也是一个项目在进行过程中的指引，一个全面的目标对项目日后的发展潜力的影响是无穷的。回顾设计目标的定制环节，作为与业主就进度目标确定的直接对接人，项目经理有必要将"一次把目标说到位"作为自己的生存法则之一。在进度计划编制过程中，除了关注时间节点的敲定和调整，也要注重对关键节点工作内容的定义。有效贯彻以上要求对后期设计进度的控制尤为关键。

3.评估进度调整必要性

鉴于业主方与设计方在专业知识领域形成的较大差异，当业主的需求发生变化时，协助业主针对需求的变化展开必要性及可行性论证是设计团队的首要任务。基于上述工作，就需求针对变化对设计进度的影响进行科学评估。在确保需求变更会引发进度变化的前提下，对进度展开调整。与此同时，就资金、人力及材料等资源作出相应的调动。

实践中的项目经理2-3

新事物的新对待

正在享受假期的项目经理忽然被拉来参与一个本来不该由他负责的项目——航空公司总部基地项目。领导在临时给他这个任务的时候脸色不是很好，他立刻明白了这个项目一定发生了点问题。他询问本来的项目负责人，"哎，按照本来的计划这一切都不会出问题的，这种项目也不是第一次负责了"。

他询问项目的建筑师，"哎，谁知道这次甲方对施工图纸设计得不满意，要求更改了一次又一次，导致图纸没法按时上交"。

他询问项目的工程监理，"哎，原先采购的材料不符合这次项目的要求，但以前一个机场的项目就是采用这种材料啊"。

他知道这次项目会遭遇进度的根本原因了，大家都基于以前的项目经验，所以对这次东航基建的项目计划过于乐观，导致了项目在前期进度计划时就出现偏差，等到项目进行过程中这些差错像滚雪球般越滚越大，最后导致整体进度滞后。

这个项目最后圆满解决，从中吸取了经验：变化快于计划，按原先经验来完成现有项目，最终会导致项目面临风险。

2.4 撸起袖子加油干：如何赶工

常言道，计划赶不上变化，虽然没有人希望发生进度滞后的情况，但在笔者20多年设计项目管理职业生涯中，进度滞后的情况却时有发生。前面我们讨论了进度滞后的种种原因，无论是最初的进度计划过于乐观、进度执行过程中的意外调整，还是业主和设计院对于进度目标理解的差异性等，都向我们揭示了一个道理：没有永恒不变的进度，只有动态调整的进度计划。了此于心，在心态上就有了保证。笔者认为调整心态是赶工的第一步，无论是项目经理还是设计团队都应做到用平常心对待。与此同时，找出问题所在、对症下药、积极应对才是解决问题的根本方法。

根据笔者多年来的项目跟踪经验来看，进度计划的滞后，往往有以下两种情况：一种是小进度节点的滞后（前面我们已经知道进度计划的表达是分层级的），并不影响关键性的大进度节点的完成；另一种是大进度节点的滞后。针对前者往往通过传统的赶工手段便可补救，而面对后者，传统的赶工方法已经不能确保进度计划的执行，此时作为设计管理方，除了万不得已情况下考虑梳理原因，找出责任方，保护设计及相关方以外，更应该做的是调配资源、突破常规、解决困境。

2.4.1 传统的赶工

传统的赶工方式可以满足眼前的需要，对于解决常规的进度滞后问题，有立竿见影的效果。而选择哪种方法的关键在于项目资源的约束程度，根据资源约束程度的不同，有些方案会具有更大的优势。传统赶工的主要方法有以下几种：

1. 提高现有资源的生产率

人力资源可以通过与不同资源进行整合，产出具有价值性的成果。因此，资源的生产率，即人力资源的主动产出价值效率，是一种人的工作表现的效率体现，最有效的方式就是要求设计单位加班。这确实能在短期内提高资源生产率，但是对于马拉松式的大型建设工程而言，加班并不是解决问题的长效机制。根据笔者对于大型机场项目设计团队的长期跟踪，长时间（通常为 3 个月左右）采取加班措施后，对于项目实际生产效率提高的边际作用趋近于负数。同时，考虑到提高生产效率除了要满足进度节点的要求以外，不能对设计质量造成影响。可以想象，在长期加班环境中，设计人员会产生疲累从而消极怠工，导致设计成果质量无法保证，这对于生产效率的提高会起到反向作用。

2.改变活动的工作方式

对于设计院而言，可以通过改变生产组织的工作方式来提高实际的生产效率。例如，近年各大设计院都在尝试和推广的专业模式，正向 BIM 设计方法，即采用三维协同的设计方法，将项目所需的图纸、报表、视图、数据等都以模型来展示。不同于国内以往的 BIM 设计先完成施工图，然后根据施工图再建立三维模型，BIM 正向设计在开始就创造了一个三维模型，并添加相应的信息，应用于整个建设过程。当集成的三维模型链接了信息之后，设计公司就会有一个更快、更高质、更充分的设计过程，风险得以减小、设计意图得以维持、质量控制得以改进、交流更加明确化，高级分析工具也得以更有效地利用。

但对于甲方来说，很少以这种方式来解决项目设计效率问题，主要有三方面原因。

（1）成本高：BIM 的采购成本较高，受项目投入资金的影响较大。

（2）进度紧：设计周期太紧张，需要设计方和甲方配备相当数量的 BIM 专业技术人员进行技术把控，否则，面对 BIM 设计、交付、运营等各阶段的问题将无法紧密衔接，从而违背了使用 BIM 技术的初衷，对设计效率的提高起到反作用。

（3）限制大：国内目前仅大型设计院走在 BIM 技术运用的前端，相关的专项设计单位都还未普及 BIM 技术的运用，这给主体设计和专项设计之间的提资沟通增加了工作量。另外，相关审批单位的审图要求还停留在平面审图阶段，无法实现 BIM 交付，这无疑成为 BIM 推进的一个壁垒[1]。

---

① 向敏，刘占省.BIM 应用与项目管理 [M].北京：中国建筑工业出版社，2016.

3.增加项目资源数量

项目前期，设计单位根据项目难度、项目进度、工作量、成本计算等情况来分配人力资源，以满足项目需求。而出现项目进度滞后，在增加已有设计人员的工作时间已经不能弥补进度滞后的情况下，总工作时间在一定程度上取决于设计单位投入的人力资源情况，因此，通过在常规水平上增加人力资源投入可以达到缩短进度的效果。如需采取该方法提高项目进度，业主单位应清楚地认识到该措施对设计单位成本的影响，并提出相应的经济激励方案。

在工作中曾遇到的一个项目：专项室内设计分别由A、B两家设计单位完成方案设计以及深化方案设计，然而在方案设计阶段由于业主需求的不断变化，导致了A设计单位的工作量超标，无法在约定的时间节点将相应深度的图纸成果交付给B设计单位进行方案深化，于是，在业主与设计方的共同协调下，B设计单位派相关设计人员从方案阶段介入，协助A设计单位出图，从而实现了设计单位和设计成果的无缝衔接，解决了进度滞后的难题。

2.4.2 特殊项目的赶工

本书作者参与过一个银行大楼的建设项目。这个项目有一定的特殊性，项目目标是在7个月时间内实现从概念方案到证照齐全开工，且开工后连续施工。

在仅7个月的时间里去完成常规需要一年半时间才能完成的任务，同时还要妥善处理好与项目使用方的需求关系，是一项异常艰巨、极其困难的挑战！为此，政府有关部门、建设方以及设计方群策群力，突破常规，采用创新方式推进项目，力保开工节点的实现。

首先，根据项目所需，采用BIM正向设计的技术来提高效率。为了争取每个阶段的设计时间，设计期间针对项目相关问题不断征询相关审批部门以及业主，并在建设方组织的专家评审会上进行汇报沟通，尽可能在出图之前将各部门及使用方的意见融入设计。同时，考虑到项目的审批周期非常紧张，为确保按计划节点完成审批工作，方案及初步设计的审批由牵头部门召集相关配合部门，以联席会议的形式进行并联审批，各相关配合部门以联席会议纪要为依据，在约定时间内向牵头部门出具书面意见，从而提高审批效率，保住审批节点目标，而由于在前一阶段的征询中设计已解决大部分审批可能产生的问题，在审批流程流转过程中，设计单位可同步开展下阶段设计。

其次，为确保如期开工且开工后工程连续性施工不受影响，设计审批模式也有相当的重要性。在初步设计评审通过后，即刻启动施工监理和施工总承包单位的招标工作，采用"一次招标、分批拿证"方式，即以评审通过的初步设计文件为依据一次性完成施工总承包招标工作。根据施工图出图进度，按照桩基和围护工程、主体工程及幕墙工程，分批办理审图合格证、工程规划许可证、报监及申请施工许可证。

通过这些设计及审批模式的突破，桩基和围护工程先发证，保证开工节点，非关键设计问题遗留至下一阶段解决。比如，将幕墙工程放在主体工程之后拿证以确保设计进度，并满足特殊项目在节点时间达到特定形象工程的赶工要求。

关键路径上的任何一项活动持续时间所发生的改变都对整个项目的进度产生影响。显然，我们会优先考虑分配资源到位于项目关键路径上的各项活动，以保证项目在规定时间内完工。但是在很多时候，所需要的资源往往会超过实际的资源，或者需求的资源水平超出管理能力，需求与资源要达到平衡就需要进行进一步优化，那么这时将资源从非关键活动分配到关键活动就是对整个工程而言影响最小并且最有效的办法。

2.5 新的进度管理技术：CCPM

本章前4节内容对进度管理的定义、作用、组成部分以及现行理论技术进行了综合论述，并结合一些实际案例以及笔者的工作实践经历和经验，对进度管理在建筑设计领域的具体应用进行了归纳与总结。在本节中，笔者将首先回顾进度管理技术的发展历程，更加直观地描述出该领域的一个总的技术体系，由此引出以关键链法（CCPM）作为主要研究对象的论述与简单评价，以及以关键设计结构矩阵（CCDSM）作为目前该领域前瞻性研究的代表进行简单介绍，期望能够引发读者的关注、思考以及相关的研究与讨论，为进度管理技术进一步的发展起到一定的启发作用。

2.5.1 进度管理技术的发展历程

进度管理理论雏形出现的标志正是前文提及的在20世纪初期，由亨利·L·甘特（Henry L. Gantt）提出的甘特图（Gantt Chart）。在第一次世界大战中，这项技术的应用极大地缩短了货船的建造时间。

在甘特图之后，出现了关键路径法（Critical Path Method，CPM）和计划评审技术（Program Evaluation and Review Technique，PERT）。CPM是1957年兰德公司和美国杜邦公司协同制定的一种管理体系。PERT则是在20世纪50年代，美国部队在研发导弹核潜艇北极星过程中总结出的一套管理体系。

现在，在实践中逐步推广的是第三代进度管理技术——关键链项目管理（Critical Chain Project Management，CCPM）。其思想是以色列管理领域学者Goldratt于20世纪90年代提出的。

同时，第四代技术的理论研究也在不断寻求突破。例如，将设计结构矩阵（Design Structure Matrix Methods，DSM）的算法思路与CCPM相融合，利用关键设计结构矩阵（CCDSM）方法对项目进度管控。进度管理技术迭代更新的发展历程可以由图2-2直观地表示出来。

下面，将对现行实践运用的关键链法（CCPM）以及还在理论研究阶段的关键设计结构矩阵（CCDSM）进行介绍①。

2.5.2 关键链法（CCPM）的介绍

本书将CCPM视为第三代进度管理技术的代表，同时以第二代技术

---

① （美）杰弗里·K.宾图（Jeffrey K. Pinto）著.项目管理[M].鲁耀斌，赵玲译.北京：机械工业出版社，2016.

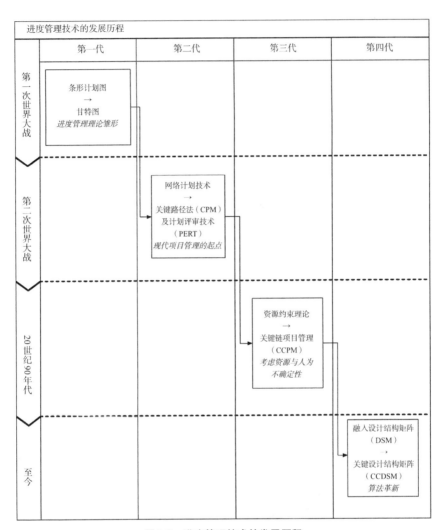

图2-2　进度管理技术的发展历程

CPM作为参照对象，先对两代技术分析进行比较，从而进一步对CCPM进行点评。

关键路径法（CPM）与关键链法（CCPM）两者都是制定工程进度计划的技术。图2-3和图2-4是PMBOK®指南（第5版）中对两种方法的示例图，我们可以看到关键路径法花费的时间更长，而且没有缓冲，而关键链法中每一个活动的持续时间都很激进，但是在关键链法的末端留有缓冲。

归根结底，CPM是一种有时间约束的计划网络分析工具。为了项目

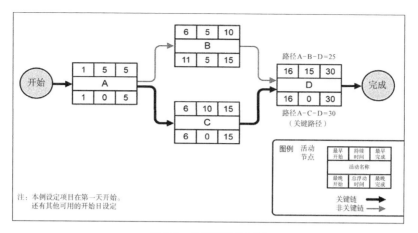

图2-3　关键路径法示例

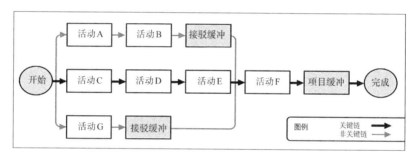

图2-4　关键链法示例

工作能够尽早安排，需要用到关键路径法。CCPM是一种进度网络分析技术，可根据有限的资源来调整项目进度。从理论上讲，它可以有效地解决帕金森定律所描述的延迟工作的情况。

　　CCPM的核心思想是：压缩计划工期，并在总体工期的基础上预留一段时间来缓冲项目不确定性造成的工期延误，以确保总体工期调度和预测的弹性。

　　由于CCPM脱胎于传统的CPM技术，学习成本和推广难度都较小，因此也受到了广泛的应用和追捧。根据PMI的最新统计[①]，全球已有37%的公司"总是"（Always，12%）或"经常"（Often，25%）采用关键链项目

① PMI. PMI's pulse of the profession：capturing the value of project management[J]. 2015.

管理技术并作为主要的管理工具，并且呈现逐年递增的趋势。

但是，至今为止的实践工作仍然不能充分证明，CCPM是否真正具有超越传统理论的优越性。虽然不乏书籍和文章拥护CCPM这一新理论技术，例如CCPM的拥护者所指出，许多采用关键链编制进度的公司明显节约了时间，而且部分项目团队成员的态度变得更加积极，但仍然鲜少有建设项目的进度管理能够成功验证此新技术的有效性。

由于大多数现有的关键链工序调度和缓冲区设置的研究都是基于工作之间相互独立的前提假设进行的[①]。同时，在使用CCPM的时候也有一些其他的假设：所有的资源在他们的任务上都是全职工作，他们没有做其他的项目，而是仅仅工作在这个项目上。换句话说，许多研究对工作之间的相互影响缺乏考虑。学者们在研究中，赋予了过多的假设条件，导致案例的输入与实际情况有一定的出入，CCPM的进一步推广应用仍然需要更多地和项目实践相磨合。

2.5.3 关键设计结构矩阵（CCDSM）的简介

Donald Steward 在1981年推出了设计结构矩阵（DSM），它用于显示矩阵中每个元素的交互作用，有利于复杂项目的信息流可视化分析。

设计结构矩阵是一个二元方阵，由n行n列组成。系统的元素以相同顺序放置在矩阵的左侧和顶部。如果元素i和j之间存在连接，则矩阵（i行和j列）中ij的元素为数字1。否则，由数字0表示。它能表示一对系统元素间的关系存在与否，与图形表示相比，它提供了整个系统元素的整体紧凑描述，并为每种活动的信息需求、活动顺序的决定以及活动更替的控制提供了有效的使用方法。

近年来，部分学者试图在进度管理中融入DSM方法，与CCPM相结合形成关键设计结构矩阵（CCDSM），企图利用DSM对项目任务间信息

---

① Bie L，Cui N，Zhang X. Buffer sizing approach with dependence assumption between activities in critical chain scheduling[J]. International Journal of Production Research，2012，50（24）：7343-7356.

关联性直观反映的特点，优化任务的顺序、分组以及在项目前期减少不同任务之间的信息冲突，力求解决不确定性返工等技术难点。

当然，作为前瞻性研究，这一理论还没有形成完整的体系，尚不具备投入应用的基础，仍然需要当代学者大量的研究以及实验工作予以完善。

第3章

设计质量："顺其自然"还是"亲力亲为"

普陀山观音法界

　　普陀山是中国四大佛教名山之一、举世闻名的观音道场，每年都吸引着上千万信徒前来朝拜。为了展现佛教中国化的成果，普陀山观音法界项目应运而生（图3-1）。观音法界是以观音文化为主题，以观音信仰为平台，集朝圣、教化、观光功能于一体的观音文化主题博览园，力求建成中

图3-1　观音法界鸟瞰

国佛教界的建筑地标、信仰地标。

　　普陀山观音法界位于东海之滨、浙江省舟山群岛朱家尖白山山麓，与海天佛国普陀山隔海相望，总建筑面积约30万 m^2，项目于2016年开工，由普陀山佛协组成的业主团队仅仅在五年时间里完成了一个几乎不可能的任务——项目成果质量接近完美，是一个完成度极高的项目。

　　观音法界项目始终坚持以"举世无双、流芳百世"作为建设目标，致力于打造传世经典。那么如何在建筑上做到"举世无双"，答案是通过高质量的建筑设计来推进高品质的项目建设。具体有哪些可以借鉴的方法？

　　让最合适的团队做最合适的事，形成团队的价值观和凝聚力。确保项目每个团队的目标高度一致，这也是本项目成功的关键因素。本项目中业主选择了具备丰富佛教建筑设计经验的华东院作为主体设计单位，同时也选择了具有同样丰富经验的禾易设计作为室内设计单位。建筑设计与室内设计的密切配合正是本项目成功的基础，到了项目深化阶段，业主又聘请了经验丰富的中建八局和中建三局对设计公司单位图纸进行深化，更直接、更经济、更合理地实现设计意图。多管齐下、多措并举、多方合力全面保证了高质量的建筑设计。

　　反复推敲设计方案，借助专家力量完善设计。方案阶段，设计团队精细打磨、反复论证与推敲，围绕项目整体定位、功能布局、空间尺度、外观立面，不断优化建筑方案。同时在整个方案形成过程中，业主方也通过召开大范围的各类专家研讨会，就文化、宗教等各个领域进行了深入的探讨，助力设计团队在建筑方案中全方位展现观音文化的内涵，全面呈现观音信仰的现代演绎，也为后续方案深化创作了良好的条件。

　　专项设计提前介入。相较常规项目，观音法界各专项设计介入时间节点大大提前于常规项目，基于项目的功能定位和品质要求，本项目采用了主体设计加多个专项设计的方式。整个项目涉及的专项设计内容包括：地基处理、外立面泛光设计、室内设计、室内照明设计、展陈设计、演艺设计、佛造像设计、艺术品（壁画彩绘等）设计、软装陈设设计、智能化设计、景观设计、导向系统设计等十余项。要在仅有6万余平方米的建筑规模中融入众多专项设计，并且最终要达到承载观音文化的目标，可以想象管理工作的难度。整个文化创意相关的方案工作基本与建筑设计同步甚至更早实施，各专项设计穿插进行，由佛教观音文化专家作为顾问整体把握装饰效果、文化创意，经多次讨论、各专项打样、看样，后续通过制作实体样板，各专项综合看样达到各专项设计效果的融合，一同传达文化创意。

大道至简，一个有定力的业主才是一个好业主。围绕"圣坛即观音、观音纳须弥"的精神，在观音圣坛中庭创新性地采用须弥山的设计思路。须弥山高23.7m、跨度60m，剖面曲率有29种、镂空网格15种，构型除了形态上涉及主体的建筑结构设计，还影响了消防、室内照明、演绎，以及艺术品设计。"须弥山"是观音法界中工作启动最早的，为了达到更加震撼、体现神圣感的空间效果，有定力的业主开创性地采取了建筑-结构-装饰一体化的"须弥山"系统，最终这个观音法界中工作启动最早、最受关注、最复杂、工期最长，也是最终完工效果最为震撼的。

在普陀山佛协的领导下，观音法界项目依托众多设计单位发挥自身优势，融入佛教经典，在工期、投资目标不突破的前提下，最终圆满建成了举世无双、流芳百世的佛教地标。

概述

建设工程的质量问题关乎安全和品质，对于大型建设工程来说，质量更是"百年大计"，关系到项目的生死存亡。设计工作是整个建设工作的龙头，设计文件定义了整个工程的建设目标、质量标准、施工工艺以及材料使用，设计质量奠定了整个工程质量的基础。不同于施工质量的直观性，设计是艺术创作与科学技术的结合体，工业化、程序化的生产过程无法适用于设计工作，所以从某种意义上讲，建筑设计成果的质量评定通常无法用固定的标准去衡量。设计成果的质量优劣，确切地说是一个目标范围的界定，而各类建筑设计规范、规程和标准只能是衡量设计作品是否合格的下限条件。因此，设计的质量问题往往成为工程中的各方焦点和矛盾集中点。

设计质量的优劣，必然通过工程实施将后果传递给业主，同时将声誉、收益留给设计单位自身。业主方对于建设工程设计质量的认知，需要通过招标采购、工程施工等后续环节逐步建立。设计质量信息对于业主来说通常是滞后的，业主对于设计质量的把控也因此是被动的。

由于设计质量重要且难以管理，在笔者面对的大量业主中，由于管理经验和风格的差异，不同的业主会选择截然相反的管理方式。一部分业主选择"无为而治"，对于设计质量管理不采取有效的管理工具和解决方法，设计质量的管理完全依靠所聘请的设计单位的自我约束，设计问题的发现也主要依靠施工和监理单位的现场解决；另一部分拥有设计相关专业背景的业主往往选择相反的道路，他们专业、勤奋且吃苦耐劳，如果时间允许他们会深度参与整个设计过程，并几乎包揽掉除图纸绘制工作以外的其他设计工作。业主选择不同的管理风格必然有其客观的管理需求和管理背景。因此，本章主要结合笔者的管理经验，谈一谈对于设计质量管理的总结和体会。

3.1 设计质量如何定义？

3.1.1 设计质量是否就是图纸质量

对于大部分没有设计管理经验的管理者，设计质量很容易被轻易等同于图纸质量。对于建筑工程特别是公共建筑工程，为了确保使用者的生命安全，国家制定了一系列严格的评审流程和审核程序，基本能确保设计不存在抗震、消防、结构计算、设计深度等方面的失误。与此同时，业主在实际项目的操作中仍然常常会面对招标代理和施工单位对于设计质量的抱怨，而这些图纸往往都已通过了专业审图机构的审图。

产生上述问题的原因在于现代的特大型建设工程中，设计工作被赋予了诸多新的内涵和新的特点，国内的设计单位也被提出了很多更高的不同以往的要求^①。在对建筑设计师的核心服务范围定义中提出，设计师应提供表3-1所列的7项专业核心服务。

设计师7大专业核心服务 表3-1

服务事项	具体内容
项目管理	项目小组的成立和管理；进度计划和控制；项目成本控制；业主审批处理；政府审批处理；咨询师和工程师协调；使用后评估
建筑策划	场地分析；目标和条件确定；概念规划
施工成本控制	施工成本预算；施工成本评估；施工阶段成本控制
设计	要求和条件确认；施工文件设计和制作；设计展示；供业主评审
采购	施工采购的选择；施工采购流程的处理；施工合同的协助签署
合同管理	施工管理支持；解释设计意图、审核质量控制；现场施工观察、检查和报告；变更通知单和现场通知单
维护和运行规划	物业管理支持；建筑物维护支持；使用后检查

国内设计单位目前所采用的这套常规的工作范围和设计深度是在漫长的历史发展过程中形成的，与国家整体的建设管理体制有着深层次的联系。因此，简单地要求国内设计单位能够迅速与上述国际通行做法接轨是不可行的。而且，弥补国内设计单位在设计深度、设计服务上与业主的需求和目标的要求所存在的差距，正是设计项目管理服务的宗旨和存在的价值。但不可否认的是，国际建筑师协会（International Union of Architects，UIA）对于设计师工作的一些专业核心服务要求为定义设计质量提供了借鉴。近年来，国家相关部门发布的诸如《关于进一步加强城市规划建设管理工作的若干意见》《国务院办公厅关于促进建筑业持续健康发展的意见》（国办发〔2017〕19号）、《建筑业发展"十三五"规划》（建市〔2017〕98号）等重要文件提出了建筑师负责制，加快推行诸多影响建设行业发展的全新模式。而UIA对于设计师工作的一些具体技术要求，可为国内设计师全方位定义设计质量提供了指引。

首先，由于设计工作贯穿项目的整体实施过程，设计人员常常被要

---

① Phillips J. PMP，Project Management Professional（Certification Study Guides）[M]. McGraw-Hill Osborne Media，2013.

求从项目前期的意向阶段或招标阶段就开始介入，一直到项目达标验收的过程中全程参与。

其次，设计方案不仅要满足业主在合约文件或是设计任务书中提出的技术性能和质量标准，还要求适合其他的各种条件（如施工条件、采购条件），使工程更易实施、更有效率、更合理、更易实现工程目标。

同时，就现代建设工程管理模式而言，设计是将采购、施工、安装、试运行等阶段相互联系、相互配合的有机整体工作，再也不是独立单一的设计工作。设计工作需要更细致、周到的态度，要求设计人员在不同阶段开展卓有成效的工作。

总之，合格的施工图只是表示设计单位工作合格的必要而不充分条件。完整的设计质量要求，必须具有准确性、合理性、经济性、可采购和可实施性。

3.1.2 设计质量目标体系

PMBOK将项目质量定义为"一组固有的特性能够满足要求的程度"，而现代质量管理理论也认为质量标准是"一组可被执行的目标"[①]。大型建设工程由于其功能、技术的特殊性，我们通常将设计质量目标体系定义为一组对设计单位各种有形设计产品和无形设计服务进行评估的标准。在定义设计质量目标体系之前，抛开国际上对执行建筑师的工作要求，先来看看国内设计界对传统设计工作的目标的定义：

- 反映设计思想和文化传统；
- 反映建设决策者的价值观念和使用需求；
- 结合艺术和科学，由专业人员分工合作，创造从设计方案到施工图的一系列文件，作为施工实施的依据；
- 协助业主、项目经理、施工单位和监理人员控制施工质量；
- 为后续使用和运营管理提供依据。

上述目标，分别涉及了一个建设工程不同阶段的设计工作：第1条、

---

① 成虎，陈群.工程项目管理[M].北京：中国建筑工业出版社，2016.

第2条通常指项目前期阶段的功能和需求研究，第3条指设计图纸的设计过程，第4条指的是施工期的设计配合，第5条指竣工及交付阶段的设计配合。围绕上述目标，笔者尝试建立设计工作的质量控制目标体系。

1.满足项目功能定位和运营要求

清晰的设计定位：在设计初期就通过咨询、对标、梳理和分析，明确项目的使用、功能、档次、质量和等级要求，以形成设计目标或设计方向。

必要的比选和论证工作：在方案阶段，组织专家对各个方案的可行性进行论证，结合投资成本为业主选择能够满足项目自身质量要求的最佳方案。

满足运营使用要求：设计方案的确定除了要满足当下建设目标，更要注重建设完工投放入市场后的商务、娱乐、餐饮等方面的运营需求。

2.设计图纸及文件满足质量要求

设计评审及审批：根据有关法律法规，审查涉及公共利益、公共安全和工程建设强制性标准的设计图纸内容。

满足招标、投资控制、施工要求：施工图纸、文件深化细度要求可以据以安排招标，开展材料、设备订货等进而开展投资计价，满足施工动工。

3.设计后期服务满足管理要求

工程量测算及招标配合：以图纸为基础计算出的工程实物数量，用于后期定额计价及清单综合单价分析。配合招标阶段的文件编制、评标咨询等工作。

现场配合（材料及深化确认）：与施工方开展技术交底、材料现场看样、各参建单位沟通协调、文档管理等工作。

物业移交配合：参与土建、机电各专项的竣工验收工作。

实践中的项目经理 3-1

超越自身的理解

机场项目的高级项目经理在做虹桥T1项目时遇到了一个不大不小的

问题。众所周知，机场的行李托运系统是机场的重要组成部分，关系到不同航班降落时如何准时精确地将行李送到乘客手中。其中，行李皮带转盘是核心。

但是，甲方似乎对于这个行李皮带转盘的设计有所不满甚至直接向公司投诉。他急忙向业主和设计师了解了一下具体的情况后得知：业主投诉的是行李转盘系统的设计有问题，转盘水泥基座太窄，对于半自动的系统来说无法保证足够的空间供工作人员站立。而设计员反馈的是，业主要求节省空间，所以在业主的需求下才做了调整。

他请教了图纸审核人员，程序设计的老赵以及设计员自身，发现图纸的修改流程其实并没有问题。一切都是按照业主的意见在修改，那么为何业主似乎对此并不满意呢？

在两头了解情况之后，将调查结果说给业主，但业主并不满意这样的说法，"我投诉的不只是图纸，你们的设计员是听了我的意见改了，但是我要的是你们在满足我的需求的情况下还要保证系统能够满足运行，不然我还要你们帮我咨询设计干吗？"

听了这番话他忽然意识到，建筑师的图纸设计不仅仅是要满足业主对于产品的需要，更重要的是要在理解业主的需求的情况下做出后续质量保证的改进。设计质量不只是图纸产出，更是后续产品设计服务保证。

3.2 设计质量管理的核心准则

作为工程质量控制的排头兵，设计质量管理关乎工程的投资、运营成本和效益。但是由于质量兼具有形需求和隐形需求的特性，即便是资历过硬的设计单位也无法保证设计质量把控环节的万无一失。以上述设计质量目标体系为指导，结合笔者及团队成员多年的项目切身体会，深刻认识到制定关乎客户满意度、执行力、过程管理、交付成果理念的设计质量管理的核心准则是实现贯穿设计全生命周期及后服务阶段的质量目标把控，是获得客户高度肯定的关键。

3.2.1 干系人满意度原则——以业主为中心

参与设计全生命周期的设计、业主及施工等相关干系人呈现出"多位一体"的网状结构。设计成果是否满足业主的功能需求是评判设计质量的首要因素。设计质量的评判不是在建筑设计协会年度评优中，而是在完整的设计服务过程中，一个不被业主认可的设计作品很难被界定为一个优秀作品。

考虑到参与设计质量评价的人员结构的复杂特性，项目设计参与方应该坚持以业主为中心的干系人满意度原则，重视业主在设计评估阶段的中心地位。以上述原则为前提，基于斟酌各方干系人对项目质量要求后再编制设计质量标准，方可得到为数较多的项目干系人对设计质量的认可。由于参与项目的干系人众多，应该如何识别这些干系人并且满足其对设计质量的要求，是每个项目经理人必须深思熟虑的问题。通常，笔者会按照以下流程开展相应工作：

首先，应该清楚地认识到识别参与项目中的所有干系人是开展质量标准制定的前提。项目的内部利益相关者，其中涵盖了高级管理层、其他职能部门领导、项目团队成员等。同时，诸如客户、竞争对手、供应商等外部干系人也会干预质量标准的制定。庞大的干系人体系意味着所制定的质量标准难以满足每个干系人对质量的要求。因此，对于干系人进行优先级划分十分必要。职能、影响变更能力等因素可以作为干系人优先级排序的参考依据。主次排序工作结束之后，工作重心应该转向已经明晰拥有优先权的干系人对于项目设计质量的具体要求。最终，对各方要求进行权衡取舍，完成质量标准制定工作。图3-2表示了基于利益相关者制定项目质量标准的决策过程。

图3-2　基于干系人项目质量标准制定的决策过程

其次，作为项目成败的直接利益人，由于缺乏设计技术领域的专业背景，绝大多数业主在设计质量管理过程中颇为被动，缺乏相应的跟踪能力。设计方提供的方案、图纸及相关文件的设计质量中存在的潜在问题只有在后期的招标或施工过程中才会暴露出来。不乏业主会遭遇方案设计不合理、图纸设计深度不达标、技术可行性低等低质量设计作品。因此，倡导"以业主为中心"的理念可有效改善业主对既往设计质量的不信任感。对于如何借助有效的方法及工具满足业主方对设计阶段的质量和技术的要求，笔者有以下几点体会：

（1）明确的质量计划。首先申明此处提及的质量涵盖了方案设计、初步设计、施工图设计阶段的文件、图纸质量及贯穿设计、施工配合阶段的管理服务质量。一份为统筹以上各环节所制定的完善的质量管理体系，以及推行的严格的质量责任制以敦促设计及管理服务质量落地的质量控制计划可让业主明晰设计过程质量控制要点及主要控制手段。作为后期总体设计质量鉴定依据，上述质量计划可缓解业主对设计质量的高度警惕状态，对总体质量管理过程大大加分。

（2）客户参与。随着全面质量管理理念的深化发展，项目管理者逐渐认识到业主作为项目的主要投资人，在整体工程的功能、档次定位过程中充分发挥的主导作用，认识到"客户参与"这一理念对于最终设计质量评审的关键作用。因此，主动邀请业主参与质量标准制定过程，并在后期的设计工作中紧紧围绕业主所提供的"质量红线"规范工作，采取迭代优化的工作方式可以让业主在感知设计项目质量的提升过程中进行良好的沟通，业主对可交付成果的质量评价往往会超出预期的判断。

做到以上几点要求意味着项目经理既要确保项目团队正确地执行工作，又要确保干系人确信他们正确地执行了工作。通过了解工作是如何实施的和交付物是如何满足标准的，项目干系人会从他们自身的角度进行衡量，形成关于项目设计质量的评价。

3.2.2 有效执行原则——以团队关键人员为核心

在成本可控范围内，大多数业主倾向于选取历史悠久、工程经验丰富的设计单位以保障项目的设计质量。而在设计单位中的团队关键人员是为业主提供直接服务的人。该成员深刻地了解贯穿设计全生命周期及后服务阶段的质量管理过程的细节。通常，获得团队核心人员的全力支持在确保质量目标的有效执行中发挥了重要作用。基于以上背景，笔者提出了以团队关键人员为核心的有效执行原则。

（1）依靠合约保证到位率：根据设计行业的基本运转模式，设计团队往往在完成施工图设计任务、收取设计尾款后随即投身于下一个设计任务，不成文的施工配合服务或未对设计后服务具体内容做出明确定义的合约完全无法保障后期的设计技术支持工作。借鉴笔者曾经参与的一个项目，通过建设过程中的合同管理经验，充分了解了以多方合作为基础的传统"契约"模式在保证人员到位率方面的有效性。通过与设计单位签订合约，明确方案、初步设计、施工图设计、设计后服务阶段的核心人员安排，适当增加设计后服务阶段的支付费用比例，力求提高设计单位对施工配合的积极性，确保人员的到位率。同时，该过程也可从技术层面保障质量控制过程的可追溯性。

（2）给予信任，发挥团队积极性：出身于不同领域，各具专长的核心设计团队是推动复杂、体量庞大的工程项目的巨大引擎。就个人能力而言，参与项目中的每一位成员都是一个相对独立的技术个体，他们与项目经理共同做出决策并实施项目活动。优秀的业主方需深谙给予项目团队信任，为其提供良好的工作环境对于聚集项目团队的注意力、发挥项目团队的积极性、激发项目团队的创造力的正向助推效应。反之，对设计承包团队的工作质量心怀猜忌，或是间断性干扰设计工作，不但会大大削减设计团队整体工作积极性，更有甚者可能会引发项目总进度失控、争端不断、风险考虑不全等方面的严重后果。

与此同时，随着行业的技术要求及规范的不断更新，为确保执行的有效性，有必要给项目设计人员开展以技术服务为主，达成满意产品质量、管理的规范化培训。培训不仅针对一线设计师，还需针对管理人员，尤其是高层管理人员。

3.2.3 过程管理原则——必要的过程考核

过程管理是设计过程中的重要环节，它是通过对设计过程中每一个发生的节点进行质量把控来达到全面检查的效果。设计行业的质量管理不同于其他企业能够形成特定的管理流程，它面对的是业主方、设计方、施工方等来自不同单位和领域的共同联合，这就导致了管理过程中会面临很多复杂和不确定因素。那么该如何在设计过程中克服这种问题达到全方位的质量管理呢？

PDCA模型是一个管理学中的常见模型，它同时也是全面过程管理的基础工具（图3-3）。将PDCA模型运用在设计行业，可以将每一个环节划分为前期制定出针对项目的计划和指导方案，然后根据做出的计划来具体运作，再在实施过程中检查效果和发现问题，最后总结结果吸取失败教训、肯定成功经验[①]。通过四个环节在全过程中的不断循环，设计过程中的问题能被不断发现、改正，能对每一个项目节点都充分进行过程考核。

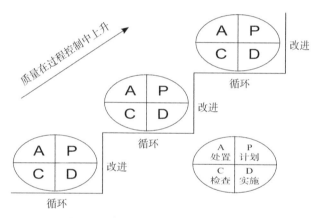

图3-3　持续改进的PDCA循环示意图

通过把PDCA和过程管理相结合，不难发现，PDCA循环理论在面对设计行业这种不设置固定流程的工作环境中能起到充分的过程管理优势[②]。PDCA的循环流程将总设计过程分解为一个个的小过程，再通过对这些小过程的把控来实现对整体过程的控制。这对于设计工作不仅能起到充分管理的作用还能提高过程中处理问题的效率。

① 杨爱华，毕婧圆，周雯.项目管理[M].北京：中国电力出版社，2015.

② Johnson C N. The benefits of PDCA[J]. Quality Progress，2002，35（5）：120.

但是，在实际操作过程中，作为一个优秀的项目经理，生搬硬套PDCA循环模型不是一个好的选择，应该根据实际项目的背景和条件，将理论重新定义成为能够适应实际应用的实践过程，通过这种方法达到适合不同项目的质量控制。

3.2.4 基于事实的管理原则——可交付的成果

偏差是"一个定量的偏离、背离或远离已知的基准计划或期望价值的差异"。由于个人观点、信息收集、决策环境等方面因素的影响，使得设计方交付的成果偏差在质量管理环节中处处可见。基于理性地看待偏差的基础上，设计项目管理方应该采取怎样的措施尽量规避可交付成果出现偏差的概率并且保证质量管理及评审过程的可追溯性？基于事实的管理原则为设计项目管理方提供了良好的管理思路。

（1）设计文件及流程标准化：可行性研究报告、设计任务书、设计图纸等设计文件作为设计及图纸校审的关键性参考物，其内容条款的设置及执行流程的标准化是设计质量追溯的风向标，便于引导后期质量审核的工作开展。同时，便于发现质量偏差时究其缘由，及时采取行动使之重回正轨。

（2）合约制定规范化：设计项目管理方应当协助业主方在制定合约文件的过程中对工程成果和质量标准进行清晰的界定，以保证设计方所交付的设计产品质量满足业主方签订合约时规定的质量标准。

实践中的项目经理3-2

"偷工减料"的影响

虹桥T1改造作为重点工程自然是被给予很多的重视，但是就像普遍会发生的那样，越希望不发生问题就会发生问题——业主对图纸的设计质量并不是很满意。设计院里十分重视业主的反馈，委派了具有丰富经验的项目经理仔细调查是哪个环节出了差错。

向设计师询问进度是否紧张造成了图纸设计匆忙、询问程序设计的负责人是否是程序缺失造成图纸质量不过关、仔细查阅设计任务书上的设计要求是否满足需求。

在查阅中，项目经理发现图纸的绘画设计人员在某一天减少了，而那一天正好是另一个重点项目开工的时间。询问了那几个设计师才得知，原来一部分人因为另一个项目的开工被临时调配过去，这就导致了虹桥项目的图纸设计是在缺人的情况下完成的，人手的缺少导致了项目的设计时间进度变得紧张，并且由于缺少人员之间的思想碰撞，设计创意也相对减少，而设计组对于缺人的问题也没有应对措施。

项目经理认识到要保证一个项目的质量，人是不可或缺的核心，人的创造力、行动力和执行力都是保证项目按照业主期望的方向发展的关键。而且不仅仅是设计团队，管理者、业主、竞争者等干系人都是会影响项目进程的重要因素。

3.3 既不"顺其自然"也不"亲力亲为"：基于目标的质量管理体系

根据笔者实际接触到的项目情况，一般情况下，业主在招标文件中确认设计中标单位后，普遍只对项目的质量定位提出一个极为笼统的想法，对于具体的细枝末节并未做出深度考究，这种"顺其自然"的状态并不能对建设工程设计质量形成有效的控制。与之相反，亲力亲为式的大包大揽亦不满足社会专业化分工的大趋势，而且对设计质量一味地吹毛求疵容易打击设计师的工作积极性。基于目标围绕设计工作的各种无形工作和有形产品建立而成的质量管理体系，是开展有效的质量管理活动的关键。

前面已经对设计质量进行了定义，那么基于目标的质量管理体系应该以什么样的方式实现呢？结合以往的工程经验，笔者也进行了一些设计质量管理方面的总结。不妨将此大目标拆解，具体细分为在设计前期保证设计成果满足项目定位和功能需求，在设计中期控制设计图纸及文件的质量，在设计后期配合招标、配合现场、配合物业移交等。

3.3.1 如何保证设计成果满足项目定位和功能要求？

为保证后期设计质量有章可循，基于前述的质量管理体系，设计单位有必要将其负责的工作任务向建筑设计价值链的前端延伸，协助业主在方案阶段参与明确项目质量定位，分析并权衡各方面的影响因素，制定合理的技术路线，设定最优的方案开发过程，为业主进行理性、精准的决策提供有力支持。那么，在完成项目的质量定位工作后，设计单位如何根据项目的质量定位开展相应的配合工作？业主如何在设计过程中把控，保证项目定位和功能要求的实现？根据笔者的经验，设计方与业主方应相互协调，扮演好自身在质量管理中的角色，让业主做职业的事，让设计单位做专业的事。控制手段主要包含以下两点：注重设计任务书的编制质量以及控制方案阶段的专题沟通会的质量。

1. 设计任务书的编制质量

设计任务文件可以说是确定项目和建设方案的基本，是设计工作的指令性文件，设计文件主要是参照设计任务文件来进行编制的。按照国家规定，所有新建、改建、扩建项目，应当根据项目的隶属关系，由主管部门协同规划、设计等单位，事先编制设计项目任务书。因此，从一定层面来说，业主方通过强化设计任务书的编制质量，可以为后期的设计质量打下一剂定心剂。然而，现实的工作场景是面对庞大、繁琐的工程项目，业主方常常陷入无法划分工作界面的困境，谈何严格遵从规定编制出系统、逻辑清晰的设计任务书。即便提供了设计任务书，其内容往往不够详实、准确。为了能保证设计任务书的质量，业主方不妨委托专业设计单位、工程咨询单位来编制，并积极参与设计任务书的编制工作，为任务书的尽快编写创造良好环境。

传统的设计任务书的编制是在可行性研究报告基础上形成的，作为项目团队核心成员，项目经理（总负责人）需组织完成设计管理策划工作。编制设计任务书，除了相应的组织程序、内部流程及审核、审定等要求外，应根据项目特点、用户要求和准确的原始条件，制定切实可行的设计目标，编制针对性的设计管理文件。其编制手法和编制内容尚处于摸索阶段，根据笔者已有的项目经验，一份完整的设计任务书的编制需包含表3-2所列的5大方面内容。

设计任务书编制需包含的内容   表3-2

分类	具体内容
项目概要	场地地形、地貌、周边的自然环境、交通状况、建筑物的用途、市政设施状况、建设方简介
设计理念	世界一流的、后现代主义的、欧式的、生态的、健康的、人文的、传统的、高品质的
总体计划	平面配置、户型、面积、造价、建筑物类型、容积率、建筑密度、建筑物高度限制、交通、卫生、绿化面积
功能要求	空间的利用、交流场所的提供、人流车流动线分离、与周边环境的协调、生活废水的利用、采光与通风、环保材料的使用、视线要求、建筑立面与色彩、房间布局、外墙隔热、隔声、空调、管道、灭火设施、插座位置
设计成果的规定	设计成果的要求

为强化设计输入，参与项目的设计团队不仅要把《设计任务书》看成是一个程序文件，更要把它做成设计的指导性文件，通过设计输入文件的传达，让每个设计人员了解项目目标、项目内容、项目特点、项目着力点、闪光点，明确工作目标，合力完成良好的设计。

2.方案阶段的专题汇报会质量

设计任务书的编制水平控制着20%的设计质量。经深入调查并分析设计任务以后，方案设计阶段中，依据项目的实际运行情况，为了满足设计任务书提及的功能要求或除设计任务书之外新增的设计规范，设计师可能会面对多种选择，对业主在造价以及后期运营等方面的决策带来影响。此时，可通过阶段性地组织设置专题汇报会，协助业主理清设计过程中遇到的问题，就每种选择开展相应特点、优势、劣势的比选，从而为业主的高效决策提供充分的依据。从质量层面分析，汇集各领域专家召开阶段性的专题汇报会有助于设计质量纠偏，为设计质量提供保障。

以笔者参与的某银行办公总部建设项目为例，为了完成7个月从方案到合法合规开工的设计进度目标，方案阶段先后开展了涵盖外立面、结构、基坑围护、绿色建筑、健康建筑、安防及IT、电梯、空调等专项的专题汇报沟通会。由于项目行政背景的特殊性，在各个专题汇报沟通会议期间，业主特意邀请业内专家参与方案比选与审核。根据自身相关经验，专家们群策群力，尽可能在不影响进度的前提下做出最佳的选择，从而在有效保障设计质量的同时大大减轻项目设计质量评估的工作负担。

3.3.2 如何把控设计图纸及文件满足质量要求？

在设计中期，项目经理作为工程设计运营的组织者和管理者，协助业主及设计师对设计图纸及文件进行质量把控以满足国家规范和主要干系人针对该项目的技术标准要求，从而通过国家规定的相关审图及评审，最终让业主满意。这既帮业主避免了"顺其自然"被动管理带来的风险，同时避免"大包大揽"方式以及对图纸细节进行研究细判而给设计质量管理带来巨大的工作量以及带给设计方不相干的误解。根据笔者多年在设计管理岗位上的经验积累，设计中期运用一些管理工具和管理手段可能会达到事半功倍的效果，主要包括技术把控以及人员管理。

1. 技术把控

在设计阶段中期，采用合适的技术把控手段会对整个项目的质量起到十分重要的作用，主要的技术把控手段有以下几个方面：

（1）制定质量标准，明确考核目标：根据项目的性质和重要性，结合以往项目的经验，在前期技术标准类文件的基础上，进行完善和修编，形成一套完整的设计标准体系。按照设计合同的服务内容及确定的质量等级要求（含分包）编制设计大纲，明确项目设计质量标准。确定项目的目标水平需要根据项目的实际情况，并作为评估目标。比如将质量目标等级分为三级，即"优级""良级"或"合格"。通过设计阶段中进行评审考核，实现设计过程质量把控。

（2）规范设计流程，突出核心工作：按照设计流程规定，做好设计策划、设计评审工作，通过方案比选确定最佳总体方案以及技术重点、难点，并由业主进行确认等。严格程序管理是保证设计质量的必要环节，有效地实施方案制定、评审，设计文件的审核、审定及校对、会签、验证、确认制度有利于及时发现问题、解决问题，把工作失误控制在纸面上。

（3）方案的优化及比选：优化方案的任务是按照设计总体效果和功能要求，由各专业提出比选方案，通过综合统筹以确定最佳总体方案，并形成专业设计原则。重点比选方案应作为设计确定的技术重点、难点。方案的优化及比选的结果应由业主进行确认。加强对过程成果的控制和确认，使项目推进有序有据。

（4）检查技术标准的执行：一方面，组织专家组负责根据统一的技术标准，分阶段对各单体设计单位的设计成果进行检查和评审，对未满足标准的设计提出修改和完善意见。另一方面，除执行本项目统一的技术标准外，还将通过审图程序，检查各单位设计成果对现行法规、规范、标准等的执行情况。

（5）强化综合协调、控制最终成果：设计项目管理应加强建筑、结构、机电等各专业的综合协调。加强对设计项目实施过程控制，使建成项目达到预期目标及效果。对于复杂的大型工程项目，为确保与业主方及项目各设计单位之间，以及单体与单体之间协调一致，定期组织各设计单位及业主代表参加各层次设计协调会，包括管理层面以及技术层面。设计管理方负责整理协调会议的会议纪要，经业主确认后分送会议各参与方。对各单体之间存在工作对接的图纸组织图纸会签，分别由主体设计单位、协作设计单位就对方出图进行审核确认，提高总体设计质量。

（6）评审管理：设计评审需确保施工图纸深度应满足招标、投资控制及施工要求。此外，除需进行方案评审、文件评审、环境和职业卫生安全评审、可施工性评审和设计成品评审之外，还应重视设计质量的评审和评比。设计质量应采取等级、分类管理，将设计、制图、审核、审定分别对待，采用抽查的形式对设计成果进行预先控制，对过程设计文件进行纠正，并实施跟踪，杜绝质量偏差，并采用必要的奖惩措施，不要把出一个错误和十个错误、犯原则性错误和笔误同等对待，通过评比和控制，提高设计人员水平，提高其责任心。

2.人员管理

除了要采用合理的技术把控措施以外，对人员的有效管理也是一个不容忽视的重要因素，主要的人员管理模式有以下几个方面。

（1）建立组织架构：高效的设计活动需要有效、稳定的组织作保证，应根据设计任务书的要求，建立相应的组织架构，由各专业负责人编制各专业工作规定，并组织该专业方案的制定、评议及比选。有效的组织需要相应的制度和纪律来维持，要制定适合的制度，保证设计工作有层次、有分工、循章配合、有条不紊地进行。

（2）合理配置人力资源：一般情况下，能够承担大型建设工程的设计单位的设计任务都比较多，通常一个设计人员可能参与好几个项目，如何合理调配，也是提高效率的关键。在项目实施的过程中，根据业主单位以及建设地点的不同，需要安排对应的设计人员。同类项目，考虑到设计标准和技术要求的熟悉程度，尽量安排同一批人员，保持其稳定性和连续性；同时派遣业务素质高、沟通能力强的项目关键人员进驻现场，这非常有助于提高设计质量、加快进度。

（3）加强设计人员团队意识的培养：在大型建设工程中，设计被赋予更重大的责任，急、难、新、重任务相对较多，必须依靠团队合力来承担相应的工作，要求每个设计者必须具备团队意识、责任意识、创新意识、合作精神和顾全大局的观念。培养这些优良品质是一个有战斗力的团队必须经历且必须完成的任务。

（4）加强沟通、协作：大型建设工程的管理模式，通常采用矩阵式管理，设计、采购和施工分属不同的部门，各部门工作相互交叉、相互配合，应加强彼此间的沟通、协作，减少推卸责任，保证问题能在第一时间内解决。同时设计部门内部做好资料信息化，保证资源共享也是必不可少的。

（5）提高设计人员素质和责任心：大型建设工程，对应的设计人员的素质和能力也需要达到更高的标准。所以应该加强培养复合型人才，使设计人员不仅需要掌握设计相关专业知识，还必须积累工程项目的管理经验。同时注重外语水平的提高、了解国际交往礼仪、了解全球专业前沿技术发展状况、了解国际市场的最新动态。在有条件的情况下，适当聘请一些项目所在地或欧、美等发达国家的相关技术人员做顾问，发挥他们熟悉相关动态、标准及善于沟通协调的优势，也不失为一条有效途径。

3.3.3 如何实现设计后期服务满足管理要求？

设计后期通过成熟的管理方法，协助业主实现工程量测算及招标配合、现场配合以及物业移交配合。

1. 工程量测算及招标配合

根据内部质量管理体系的相关规定[①]，严格执行审查流程，严格执行技术标准，并采用抽查的形式对设计成果进行预先控制，对过程设计文件进行纠正，并实施跟踪，杜绝质量偏差，对成果性文件进行评审，确保出图质量满足招标要求。同时，配合业主方开展工程、设备、产品、材料的招标采购准备工作，提供满足业主方需求的乙供技术规格文件，配合甲供技术规格书编制，同时审核专项设计招标图纸及技术规格文件。

积极配合进度要求，按总体进度计划及业主方的招标安排，按时有序落实招标用的施工图设计工作，并协助参与招标过程中的技术答疑和投标单位的资格预审等工作。

2. 现场配合

在施工阶段，设计项目管理方需凭借丰富的大型工程管理经验和深厚的技术积淀，协助业主组织和施工方之间的技术交底工作，材料采购工作，处理、协调与设计有关的施工问题，包括与业主方、合作伙伴、施工单位、监理的沟通；在整个施工过程中，服从业主管理，主动和施工单位保持密切配合，及时协调解决施工过程中遇到的与设计有关的问题；定期对工地进行检查，对达不到设计要求的工程，及时向业主和监理项目部提出整改建议；负责文档资料管理，包括出具施工月报，修改通知单和修改图，处理施工洽商函，施工例会会议纪要等。

此外，由于设计者个人知识水平、工作经历、视野、经验、精力、心情等差异，设计文件或多或少会出现一些问题，除了有意而为之，一般情况下也是可以理解的。对于那些已经付出了极大的努力还出现个别失误

[①] 中华人民共和国建设部.建设工程工程量清单计价规范 GB 50500—2013.北京：中国计划出版社，2013.

的，应该通过诱导、调整等措施予以纠正。设计变更及修改过程应有记录，方案应经评审，变更修改通知单应储存备查，相关问题应该反思、内部交流，以引以为戒，提高水平，避免重犯。

3.物业移交配合

作为工程的最后一个阶段，设计项目管理需协调各专业配合业主参加现场验收，主要包括：配合业主方参加现场土建竣工验收各项手续并协助业主的工地监督人员完成验收报告，对工程质量与设计要求进行比较，并做出评审意见；协助业主检查及敦促施工单位把所有合同要求提交的文件，包括整套竣工图纸、操作及维修手册等向业主呈交，配合业主方对施工单位提交的机电系统调试方案及计划提出意见；告知业主方有关验收阶段开始及有关调试验收的安排；见证及核准各系统的验收试验测试，以检查各系统是否符合设计规格的要求、安装和操作要求等。

3.4 主流质量管理理论介绍

3.4.1 质量管理理论的发展过程

质量管理发展到今天并不是一步到位的，而是经历了一个漫长的发展过程。人类历史上自有商品生产以来，就开始了以商品的成品检验为主的质量检验管理方法。随着社会生产力的发展，以及科学技术和社会文明的进步，在源于传统手工业的质量检验管理的发展过程中逐步引入数理统计方法和其他工具之后，进入了以预防为主的"统计质量管理"阶段；进入20世纪60年代以后，质量管理不再以质量技术为主线，而是以质量经营为主线，开始了全面质量管理阶段。随着信息技术的发展，以及"精益生产""六西格玛管理"和"优异运营"等一系列管理方法被引入企业管理活动中，形成了"现代企业管理工程"。按照质量管理所依据的手段和方式可以将质量管理发展历史大致划分为以下三个阶段[1]。

① 石礼文.建设工程质量知识读本[M].上海：上海科学技术出版社，2001.

1.传统质量管理阶段（质量检验阶段）

传统质量管理阶段又称为质量检验阶段，大约从20世纪初到30年代。此阶段中人们对质量管理仅仅是对有形产品的生产质量进行检验，而在产品生产过程中，主要是通过严格检验，以确保转移到下一工序的零件的质量以及进入仓库或离开工厂的产品的质量。

2.统计质量控制阶段

客观地说，由于传统的以事后把关为特点的质量检验给日益发展的工业生产管理系统带来的矛盾，已经远远不能适应和满足工业生产的实际要求。所以，产生了统计质量控制理论和方法。这一项发展进程主要源于1940～1950年。

统计质量控制便是将数据统计与质量管理相结合，所以发展到这个阶段的质量管理技术被称为统计质量控制（SQC）阶段。该阶段的主要特征是：预防为主，将预防与检查结合起来。

3.全面质量管理阶段

质量管理专家朱兰和美国通用电气公司质量总经理费根堡姆提出了全面质量管理（TQM）这一概念。《全面质量管理》一书的出版，标志着质量管理阶段的全面开始。全面质量管理强调系统的观点，不仅将质量问题视为质量部门的问题。全面分析质量问题，根据用户需求，通过全过程全员参与管理解决质量问题。全面质量管理阶段的管理对象强调产品质量和工作质量。

3.4.2 全面质量管理（TQM）

当前，我国推行全面质量管理是采用行政干预和疏导相结合的方式。自1986年以来，国家计委连续发了两个通知，要求全国勘探设计单位推行全面质量管理 ①，并明确提出要分期分批地达到推行全面质量管理的基本目标。

---

① 分别为《基本建设设计工作管理暂行办法》《基本建设勘察工作管理暂行办法》。

1.全面设计管理对设计单位是适用的

有些人认为全面质量管理是外国的东西，又起源于工业行业，适合大批量生产单位。而设计工作具有单一性、周期长、质量不直观、不易度量等特点，与工业企业生产性质不一样，所以怀疑其是否适用于设计管理。其实这是一种误解，全面质量管理是一门综合性学科，数理统计只是它应用的一种方法，它可以运用于各行各业。这种管理方式对设计单位的质量管理能起到一个不一样的作用。

2.全面质量管理不能看作企业管理中的某项专业管理

全面质量管理不等于传统的质量管理，而是以提高质量为核心的综合性管理活动。它已然不是单纯由质量管理部分管的工作，而是全员都需要参加的管理工作。

3.全面管理是实现现代化管理的突破口

现代化建设需要现代化设计，而现代化设计需要相应的现代化技术及管理水平。几年的实践证明，由于全面管理在理论上较为成熟，实践卓有成效，所以各行各业都有其适用性。同时在管理的深度和广度上，都体现了现代管理思想和手段。

因此，这是实施全面质量管理的突破口，是实现设计企业现代化管理的有效途径。

3.4.3 ISO 质量体系标准

国际标准化组织（ISO）可以说是世界顶尖的非政府性标准化专业组织。ISO标准的涉及面非常广，从最基本的零部件到原材料到半成品和成品，信息技术、交通运输、农业、保健和环境保护等都属于它的技术领域。每个专业部门都有自己的工作计划，该计划列出了需要标准化的项目（测试方法、术语、规格、性能要求等）。

ISO通过其技术机构开展技术活动，共制定了17000多个国际标准，主要涉及各行各业的各种产品（包括服务产品、知识产品等）的技术规范。其中《质量体系 设计、开发、生产、安装和服务的质量保证模式》ISO 9001：2000这一标准体系是针对质量制定的。

在建筑设计领域，ISO 将建设项目过程与产品分离，强调项目的高质量包括两方面：过程的高质量和产品的高质量，而产品的高质量这一目标是通过产品实现这一环节达成的。项目的最终目标是产品，真正能够将管理成果实体化的是产品实现部分，在管理职责明确、实行质量管理和资源管理的基础上，通过对相关过程的管理，达成项目的最终目标——产品实现。因此，在建筑设计的 ISO 质量管理中首先明确了质量标准及控制方法：

- 制定统一设计标准；
- 制定统一质量控制方法；
- 确认各项目等级目标、设计大纲、管理计划制订；
- 监督节点或里程碑阶段必需的活动实施（例：拍图、校、审、会签等）；
- 跨项目综合成果检验（是否符合管理计划合同约定）。

在此基础上建立了严格的质量管理流程，见图 3-4。

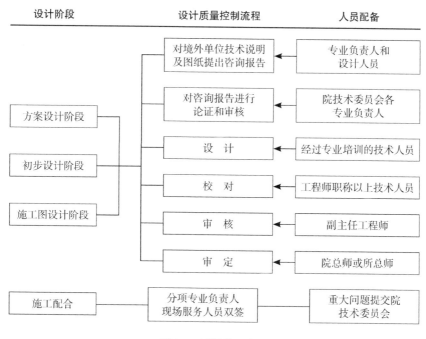

图 3-4 质量管理流程

第4章

变更管理：让变化有迹可循

港珠澳大桥澳门口岸

　　港珠澳大桥澳门口岸是为世纪工程港珠澳大桥配套建设的，同时连接珠海和香港的三地口岸。澳门口岸与珠海口岸同岛设置在珠海拱北湾，总建筑面积近60万 m²。澳门口岸作为澳门特别行政区政府在建设期间无用地的行政及司法管辖权的特殊项目，采用了大陆与澳门合作方式进行项目建设（图4-1）。

　　澳门口岸的建设，其特殊性还体现在：澳门口岸采用澳门标准、规

图4-1　澳门口岸功能分区图

范建设，高程、坐标系统等基础条件均与同岛设置的珠海口岸不同。

2014年10月，澳门口岸项目已由澳门本地设计单位完成澳门标准的施工图设计，为满足内地的管理规定与招标投标要求，需要内地合作设计单位按照内地规范完施工图深化设计；施工图深化设计需要同时经内地施工图审查，并获得澳门方原设计单位签注认可。

澳门口岸建设规模大于珠海口岸，开工时间比珠海口岸晚近两年，但须与珠海口岸、港珠澳大桥同步运营，工期异常紧张。

澳门建设发展办公室作为建设单位，为顺利完成项目建设任务，2014年底委托笔者所在单位作为澳方的设计咨询单位，参与澳门口岸的建设工作，提供设计咨询、设计深化以及设计管理方面的专业服务。

受到委托之初，设计管理团队协同项目设计团队，深入研究了澳门原有的设计方案，在分析梳理原设计成果的同时，项目团队结合珠海口岸的建设经验，发现原澳方设计的多层地下室方案与澳门口岸总体工期计划与成本控制目标存在冲突。原方案在对外交通及旅客流线组织、停车设施及上落客区安排、旅检大楼设计等方面虽然有其合理性，但并未充分兼顾实施过程中的工程进度、投资造价、施工风险等多方面因素。

全面评估利弊之后，项目团队针对性地主动提出设计变更。最终在满足澳方各使用单位需求的同时，形成了地下一层地上多层的建筑方案，在工程进度、造价控制、施工风险及运营难度方面取得了以下积极影响：

（1）工程进度方面：大大缩短了施工工期。原地下部分施工工期过长，需要至少2年，改为地上之后，缩短工期12个月。

（2）工程造价方面：在人工岛填海工程的基础条件下，围护结构工程费用过高，全地下车库总体建筑造价偏高。改为地上之后，整体造价大大缩减。

（3）施工风险及运营难度方面：人工岛条件下的地下埋深大幅度减少之后，施工风险及后期运营费用也大大降低。

在方案确定后，设计总承包单位受澳门方的委托，在2015年9月接手了设计工作，将原澳门设计单位完成的设计成果转换为满足内地法律法规且能指导内地单位施工的施工图。随后在2015年11月完成了方案调整后的初步设计，在2016年1月完成桩基施工图，在2016年3月完成了剩余施工图。在完成桩基施工时，时间已近2016年10月，距离澳门口岸的通关、投入使用已经不足14个月。作为一个总建筑面积近60万 m² 的建筑群，澳门口岸的建设仍然面临严峻的工期压力。

澳方在此时紧急调整建设思路，采用总承建的方式，将澳门口岸的所有施工工作全数委托给一家具有强大实力的总承建商。这样，便形成了设计总承包单位加总承建商分别独立向澳方负责的清晰构架。

在紧锣密鼓地配合施工的同时，设计管理与建设单位、原设计单位、总承建商统一了设计变更与深化设计的管理程序，明确区分了设计变更与施工深化的内容。承建商在招标图基础上，结合施工现场实际情况及设备采购情况对图纸进行了细化、补充与完善的相关修改，由设计单位进行书面确认，但不作为结算依据。属于工程变更（含设计变更）的部分，则由设计单位出图，投资控制单位核算费用后报建设单位审批，审批后签发变更指令和变更蓝图（图4-2）。

通过明确的深化设计定义以及严格的设计变更管控程序，既赋予了承建商在满足原设计意图前提下的施工优化权利，极大地促进了施工进展，

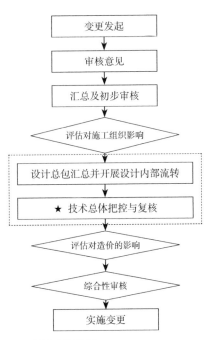

图4-2　变更实施流程

同时也严格控制了设计变更的数量、规模，达到了既定的投资控制目标。

经过澳门口岸建设单位、设计总承包单位、总承建商的共同努力，2017年4月完成了地下室土建施工，7月底完成了所有建筑的结构封顶，并最终于2017年底基本完成了澳门口岸的建设，成就了工程建设史上的澳门速度。

概述

工程建设中的变更是不可避免的，变更会造成造价增加、建设周期加长等不良后果。

变更对造价的影响已经引起了建设项目各方的普遍关注。我国的造价控制体系脱胎于计划经济体制，相较于港澳地区成熟的造价控制体制，在理念和风险控制机制上还存在差距。中国的建设项目（尤其是政府投资的项目）具有严格的项目成本审核机制，随着投资人造价控制意识的不断加强，全过程造价控制、跟踪审计等过程监管技术也逐渐被大量应用到工程投资控制过程中，然而成本超支这一顽疾依然困扰着大部分的建设工程业主。

变更对建设周期的拖延也屡见不鲜。由于变更，一些项目屡次调整工程进度，更有一些项目由于变更控制不力，项目原有建设周期大大增长后也同步引起了建设成本的大幅度增加。

在笔者参与过的大量的建设工程中，造价过程控制常常被简单等同于设计变更管理，将所有设计变更都视为是设计单位的工作失误，整个项目上下对设计变更畏之如虎。从实际效果看，这不仅无助于工程造价受控，反而会激化工程中的各方矛盾，使一些必要而且合理的设计调整和设计优化无法得到正常执行。

4.1 变更都是工作失误？——如何科学地看待变更

4.1.1 建设工程项目变更的多样性

变更是指项目自初步设计批准之日起至通过竣工验收正式交付使用

之日，对已批准的初步设计文件、技术设计文件或施工图设计文件所进行的调整。由于我国大型建设工程多采用经批准的施工图设计文件（也有部分工程采用初步设计文件）进行施工招标，上述调整通常会导致业主方与施工单位间工程合约价格的变化。为了科学而客观地看待工程中的变更问题，首先应了解变更产生的原因及类别[①]。

1.按照发起单位不同分类

变更是对施工合同约定的调整，因此，调整的发起方可以为合同签订双方中的任意一方。由于业主方对于工程的质量、品质等目标要求主要通过设计文件体现，所以进入工程实施阶段后业主方通常不会直接发出变更指令，而是主要通过设计单位的图纸修改来表达。根据发起方的不同，项目现场的变更可以分为由设计单位发起的变更和施工单位发起的变更：

由设计单位发起的变更通常被叫作设计变更。无论是由设计单位主动提出，还是根据业主方指令进行的修改，设计变更容易被当作施工单位造价索赔的依据。所以，通常业主方在施工单位进场前就要建立严格的设计变更管理流程。任何设计变更在正式发往施工单位之前，都应该经过监理、投资监理、业主方等各方的复核评估和审批，在明确设计变更引起的造价和工期影响后方可发往施工现场。典型的设计变更审核流程主要包含变更发起、变更评估、变更审批、变更发出这4个环节。

（1）变更发起：变更发起环节主要由设计单位负责。在该环节中，设计单位应完成内部的沟通和协调工作。除了少数的类似桩基工程修改这样的单一工种变更，大部分的设计变更都会涉及相关设计工种的调整。[②] 为了避免设计变更过程中的设计各工种协调问题，我们常常要求单一工种提

① 丁士昭.建设工程管理概论[M].北京：中国建筑工业出版社，2010.
② 业主方出于功能使用需求，调整了建筑专业的分隔墙体的位置，常常就会影响灯位、喷淋、烟感等机电相关的末端点位的平面布置。如果该分隔墙为防火分区墙，还有可能对防火分区的划分造成影响，并需要重新复核防烟分区、消防疏散距离等消防设计的内容。机电专业出于机房布置深化的原因，需要对管线路由进行调整，常常会影响管线穿越楼板、梁等结构构件的位置。如果涉及建筑净高控制要求，还有可能对结构的梁高、梁宽等造成影响。

出的设计变更必须经设计总负责人审核签字后，方可进入下一评估环节。

（2）变更评估：变更评估环节主要由业主聘请的现场监理和投资咨询单位负责。前者主要负责结合现场的施工情况对变更可能引起的现场拆改情况进行补充说明，并对可能引起的工期影响进行评估。后者主要负责对变更引起的造价影响进行测算。

（3）变更审批：变更审批环节主要由业主方指定的负责人或业主代表负责。业主方行使变更审核权，是保证业主对工程实施过程造价、质量、进度控制的关键手段。通常情况下，为便于业主方进行决策，在该环节会定期组织变更专题会议，要求设计单位、监理、投资咨询单位对相关内容进行汇报。如果变更事项比较重大，还会邀请业内专家进行专题咨询评审。

（4）变更发出：变更发出环节主要由设计单位负责。设计变更经过业主方审批确认后，设计单位应按照合同规定的数量和方式向相关单位发出设计变更。如果变更内容较大，应在监理组织下安排设计交底。

由施工单位发起的变更通常被叫作变更设计。现在越来越多的项目中，施工合约中都会关闭施工单位根据变更设计进行造价索赔的口子。因此，审核施工单位提出方案的技术合理性和品质标准一贯性是变更设计管理的重点。笔者通常也会建议业主方建立与设计变更管理类似的变更设计管理流程。认可变更设计在正式实施前，都应该经过设计、监理、投资咨询、业主等各方的复核评估和审批。

与设计变更管理流程的不同之处在于，在变更设计审核流程中，设计单位需要从设计规范和法律规定的角度，对施工单位提出的变更设计方案进行审核。如果存在突破国家现行法律和规范规定的情况，设计单位对该技术方案拥有一票否决权。施工单位通常在上报的变更设计方案中，不会主动申报造价减少的情况，造价咨询单位需重点对上报方案的造价减少情况进行复核，避免投资浪费。

2.按照变更产生的原因进行分类

导致变更的原因各异，根据笔者以往的工程经验，大致可分为业主变更指令、施工现场原因、深化设计调整和设计失误等四大类常见原因。

（1）业主变更指令：在涉及工程的各类变更中，业主方指令引起的设计调整，从变更数量上占整个工程变更总量的比例较小。但由于业主指令通常会对功能、档次、规格等进行调整，调整通常涉及建筑、结构、机电等方方面面的修改，对工程造价的影响也较大。

（2）施工现场原因：在设计过程中，无法完全预见到材料采购及施工过程中的具体问题和技术困难。在施工过程中，施工单位可根据现实情况，对材料或构造提出调整，或者对施工工艺进行优化。这一类变更可以通过变更设计的形式发生。按照国家规定，施工材料的使用、关键施工工艺应满足国家有关设计规范，所以施工单位不得随意以施工现场原因为由替换材料和工艺，需经过设计单位审核同意。

（3）深化设计调整：深化设计引起的设计调整主要分为两个类别的原因，即由于专项工程深化引起的设计调整和因为设备采购引起的设计调整。

（4）设计失误：此类变更主要指设计单位对自身图纸中存在的设计失误所进行的主动修正。

上述四大类变更中，除刚才提到的由施工单位提出的施工现场原因导致变更的可以通过变更设计的形式外，其余三类变更通常是以设计变更的形式由设计单位发起。当然，在部分由港资投资并按照港澳模式进行造价控制的项目中，承包商承担了更多的深化设计职责和技术风险，深化设计调整也可被归为变更设计的范畴。

4.1.2 变更是不可避免的

1. 业主指令引起的变更

业主方在参与管理的大型建设工程中，通常在项目启动阶段就被提醒要尽早明确设计需求、尽量避免施工过程中的设计变更。但由于我国建设程序的现状，类似情况还是没办法完全避免。

（1）前期立项周期较短，建筑策划研究不充分：国内建设工程的建设时间普遍紧张，项目前期立项周期较短，立项研究偏重满足程序和评审要求，其中对于建筑功能需求的研究更是流于形式。部分项目业主虽然聘请了专业的前期策划单位，但由于国内的建筑使用单位不太重视物业运营管理方面经验的积累，或者专业的物业管理单位进场时间较晚，前期策划中对于后期物业管理需求的了解不够。这都导致设计过程甚至施工过程中，业主方功能需求和运营需求的不断调整。

（2）分段设计、分段招标、分段施工：随着国家管理规定和管理制度的不断完善，"违法施工、无照施工"的现象已被杜绝。但出于对工程形象进度的追求，大多数建设工程仍然按照桩基及围护工程、主体工程、专项工程（幕墙、室内）的分段进行"三边施工"。由于设计工作被人为分拆成多个阶段，在开展后续专项设计工作前，业主方在确认室内、弱电等专项方案时，势必会对之前已明确的功能需求再次调整。

2.施工现场原因导致的变更

施工过程中，建设单位常常会因为施工图设计得不清楚导致工程量变更、材料规格的选择与业主需求不符导致材料重新采购、天气地质等自然因素的不理想造成进度变慢。从原则上说，施工过程中由于无法预测的技术困难或供货困难所进行的技术和工艺调整，经设计单位审核确认后，都应归为变更设计的范畴。但考虑到我国目前所采用的造价控制机制，即清单计价按图结算的原则，本着客观公平的原则，部分涉及费用增加的调整，设计单位还是需要配合施工单位进行设计变更出图。

3.深化设计调整导致的设计变更

由于专项工程深化或机电设备采购引起的设计深化调整，专项设计滞后必然会对已完成设计造成影响。大型设备采购晚于土建施工，也必然会导致已建成的土建内容发生调整。

（1）由于专项工程深化引起的设计调整：幕墙工程、钢结构工程、室内精装修工程、管线安装工程等专项工程在进行专项深化过程中，通常会对前期已施工完成的土建工程造成影响。

（2）由于设备采购引起的设计调整：设计过程中，一些建筑中所涉及的大型设备（包括但不限于变压器、高低压柜、柴油发电机、冷冻机、大型水泵等）均未采购到位，无法确定具体的设备尺寸及进出管方式，设计单位只能按照包容性设计的原则，预留土建及安装条件。待施工过程中业主方确定设备的具体技术规格后，设计单位需根据实际产品尺寸调整机房设计。

4.设计失误导致的变更

这里所提到的设计失误不是指系统性错误，仅指一些图面上存在的错漏差缺，通常对于造价的影响较小。这一类设计失误属于图纸质量问题，通过聘请知名设计单位，同时加强设计团队成员资质审核的方式可以显著提高图纸质量。但是坦白地说，并不能完全杜绝图纸上存在的错漏问题。

从上述可以看出，在我国现行的大型建设工程建设程序以及造价投资计量原则下，设计变更大多数不可避免。我们可以做的是通过合理的设计管理和变更组织，尽量减少变更对工程造价、质量、进度造成的影响。

实践中的项目经理4-1

不视变更为"猛虎"

在工地上视察工人前两天建造完成的房屋结构。他最近手头的一个项目是关于高层商务楼的建设管理，这栋大楼的主体和幕墙设计是业主招标给两个单位来共同完成的。按理来说主体结构已经完成，项目已经跨过了重要的一个点，但是他此刻的脸上并没有带着满意的神情反而有点苦恼地看着手头一份刚刚被送来的新的幕墙设计图。本来今天应该开始幕墙的铺建但是新的幕墙设计图又把进度推迟了，听说是业主对幕墙设计单位重新强调了幕墙要美观并且节能环保。

面对这一突然变化，他有点措手不及，他担心从资金、时间和进度上都会耽误原来的计划。哎，做甲方就是好，想什么时候改方案就什么候改方案，苦的是我们设计这些乙方，他郁闷地想。

回到设计院他请教了老赵询问他的意见，老赵听到他的抱怨倒是习以为常地说："业主是项目的最大投资人，他们当然想把建筑设计得最好，幕墙工程确实是经常会由于业主需求而变化，楼房外观和环保可以被进一步深化。"老赵拿起新的设计图仔细复核了一遍："我们院的主体结构设计也是没有问题的，面对幕墙调整是可以合理应对。"

这么一听下来，从业主到设计方似乎都是没有问题的，变更似乎也只是为了更好地建设，而且这样的变更似乎在技术和市场飞快变化的当今是不可避免的。该如何应对以后频繁发生的变更，作为项目管理者的他不禁陷入了沉思。

4.2 如何进行变更管理？——并不是变更发生时才管理

如前所述，变更是不可避免的，建设方对变更的管理也越来越重视，传统的变更管理一般发生在工程桩施工后出现的第一个变更发生之时。此时施工单位已经进场，这对于变更管理来说并不是一个好的时机，无法在施工单位进场前立下变更管理的流程和规矩，与施工单位一起确定变更管理的流程方法，将使得甲方及设计方处于十分被动的局面。既然变更不可避免，则应将其纳入计划进行管理。

对于工程建设项目，如果前端造价测算的合理性和准确性存在问题，再严谨的过程控制也不能防止造价超支，但笔者本次讨论变更管理的内容不包含立项阶段及设计阶段的造价控制，仅将实际发生过程与变更息息相关的施工招标准备阶段以及施工阶段进行说明，实现条理化、有计划的变更。

4.2.1 设计变更管理的目的

设计变更管理的目的，从总体上来说，即将不可避免的设计变更纳入计划进行控制管理，使得设计变更的发生从无序变为有序，从混乱变为有迹可循，尽可能减少变化量的"Δ值"，减少对造价的影响。这种从无序变为有序，从混乱变为有迹可循的过程，主要体现在以下四个维度上：

1.时间维度

面对各种不同原因造成的变更，伴随着设计的深入进行，一个个前期埋下的"坑"不断地出现。由于不可避免的变更会影响到设计、审批，甚至对建设工程的推进进度造成影响，尤其是那些对进度要求极苛刻的"三边工程"。而一个有经验的项目经理，往往会在项目的初始阶段就发挥其敏感的"嗅觉"，对于可能造成变更情况的源头进行跟踪把控，提早准备，等到变更"突如其来"地真正发生也可以做到"有条不紊"。

2.费用维度

变更是不可避免的，变更带来的造价变化却是业主方最为关心和头痛的。或许聪明的业主有造价监理协助评估变更带来的造价变化，将变更带来的造价影响消化在还没有造成最严重的"拆改重造"阶段。然而拥有一个有经验的项目经理，可以真正实现为业主"保驾护航"的目的，运用丰富的造价控制经验，较早地对项目可能发生的变更进行预判，对可能引起的造价变化向业主适时提醒，实现前期造价测算合理预留，尽可能减少后期费用增加对工程结算的影响。

3.技术维度

设计变更是我国目前比较常见的分阶段出图的必然结果。设计院通常把设计过程分为两个阶段，主体设计在前，专项设计滞后出图，客观上导致了两阶段设计成果的关联和隔阂。

一个有经验的项目经理应该明白前期阶段的主体设计和后期阶段的专项设计是紧密关联的。对于整个设计过程来说，两个阶段都是同样重要。项目经理应充分了解两者的关系，做到在前期阶段工作时为后期阶段预留相应的技术可能性条件。后期阶段在实施时要尊重前期阶段的技术条件和设计边界，减少由于自身变动产生的整体影响。

4.资源维度

传统的设计管理将完成施工图出图当作一个重要的时间点。这时候设计过程就由施工图出图阶段转向与施工配合阶段。由于设计院在设计过程中的主要工作已经完成，设计院往往会把人力资源和管理重心转移到其他项目中。这一习惯就导致了，当施工过程中面对较为集中的设计变更时，没有足够的资源去迅速应对和解决问题，进而造成了项目的整体进度拖延、质量降低。

项目经理需要在这一阶段转换过程中做到安排足够的人力资源去应对可能发生的变化，做好物力资源的统计和未来调配预测，做好现场的记录工作。在面对变化的情况下，合理安排现有资源，避免出现浪费资源或者资源不够的问题。

4.2.2 全过程设计变更管理

1.施工图设计阶段：理解甲方的招标方式及招标计划

设计变更的管理不是在项目实施过程中才进行的，为了能够充分地对项目的全过程进行良好的控制管理，设计单位应从施工图出图阶段就主动了解并掌握甲方的招标方式及招标计划，进而与相关各方共同明确设计图纸的范围和深度。甲方及招标代理单位也应该主动和设计院进行沟通，确保施工图满足后续的招标及施工要求。

为了确保图纸满足施工招标要求，设计院需要充分了解甲方对于项目的招标方式和招标计划，制定适用于本项目深度和范围的图纸。在现实的项目工程中，施工图需要表达的深度范围与甲方的招标方式和计划密切相关。项目经理应该在出图前向甲方的招标负责人充分了解甲方对于项目的计划和范围。需要明白的是，我国承袭了计划经济体制的发展方式，施工图纸的深度标准是由国家统一规定的，因此，国内的施工图纸深度都在同一个层面。但对于境外的设计项目来说，设计单位对施工图的定义和我国境内地区是不一样的，他们特别重视能否反映甲方招标需求的合约图，并能够通过合约图反映业主方及招标代理机构对项目的施工招标需求。

在另一方面，由于部分项目的特殊性，国内设计单位的施工图设计会受到工程整体进度的时间影响，没法达到较为理想的设计深度。在这种情况下，甲方应组织与设计院的适时沟通，对于部分设计深度无法满足招标要求的设计内容，允许在招标文件中采用单价招标或放入暂定价；对于设计成果相对稳定的部分，方采用固定总价招标。

2.施工招标准备阶段：明确各方认可的设计变更管理原则

变更对于建设工程来说最重大的影响就是会拖累整体进度、造成资金超支，良好的变更管理能够在一定程度上消除上述影响。为了加强变更管理和控制，建设单位应在施工方进场前就制定好相应的设计变更管理原则，来明确各方应遵循的变化原则，防止有人钻空子。

一套合理有效的设计变更管理流程应是与项目的具体情况以及图纸

范围、深度密切相关的，它应基于项目的造价控制策略而制定，为后续的变更和造价控制打下坚实的基础。设计变更在一定程度上能够合理抑制承包商的利润冲动，因此，业主方有必要在承包商进场前组织设计、投资控制团队制定好一套各方都认可的变更管理原则，并尽可能放入施工总包合同中。需要提醒甲方，若待施工方中标后再与其共同制定相应的变更管理原则，无疑等于与虎谋皮，不仅无法保证自身利益，还会留下管理隐患。

3.施工阶段：变更过程造价控制

建设工程实施阶段是工程建设过程中资金投放量最大的阶段，也是货币资金转化为建筑实体的最关键阶段[①]。在这个关系到巨大资金变动的阶段，造价控制方法可以起到有效的作用控制变更带来的影响。实施阶段的造价控制是指运用科学的造价控制理论和方法，在保证工程质量、工期的前提下，将工程造价始终限制在预定的控制目标范围内。

在施工过程中，由于工程变更，项目的成本和工期将发生变化，通常可以通过业主对项目要求的修改和针对业主要求的设计变更来满足。在设计方针对业主要求进行变更的阶段，往往伴随着工程量大、涉及面广、不确定因素多、材料设备价格浮动较大等困难。因此，为了提高工程质量，控制工程造价，发挥工程建设的投资效益，在工程实施阶段加强对工程项目建设的管理和监督是十分有必要的。

对于影响工程造价的重大设计变更，有必要采用变更前的检查方法，以便工程造价得到有效控制。对施工过程中出现的变化，例如因地质条件而发生的变化、工程量的变化、材料的变更等，需要成立第一手资料的整合系统，以便于为之后的竣工结算或工程索赔处理提供依据。在施工过程中，可以采取造价监理委托制，通过第三方单位向业主方提供第一手资料和结算清单。由建设单位逐级审核，不再是过去需在工程结束时进行审计查账、审价结算，将事后算账变为事先控制。

---

① 陈建国.工程计价与造价管理[M].北京：中国建筑工业出版社，2011.

未雨绸缪地应对变化

葛优瘫式地坐在办公椅上,他长长地舒了口气,在经过了几个月的加班和最近几天赶工式的熬夜后,澳门口岸的施工图终于出图完成了!接下来的工作就是施工配合,而他总算能有一个小的假期休息休息了,他心情愉悦地打开电脑浏览器开始查阅现在是去日本玩比较划算呢,还是去泰国度度假比较好呢。

这时,忽然有人敲门,来人进来一看原来是他在设计院的老前辈兼朋友——建筑师老赵。老赵看到他脸上虽然疲惫,但是掩盖不住的喜悦,说道:"你可能现在不想听到这番话,但是施工图出完就可以两手一摊了吗,后续的梳理工作也应该抓紧跟上了,不然到时候正式施工起来有你的苦头吃。"他此时心情极好,倒也没被泼冷水,只是想着老赵不愧是建筑行业的老前辈,如此谨慎行事,但也不以为然地说:"施工单位还没进来呢。"

老赵语重心长道:"你现在从施工开始到施工结束,每个阶段的预算、概算、估算、决算计算清楚了吗?材料和新技术的价格波动、施工单位的经验水平你去了解过吗?业主对于施工图的不满之处和需求变更你去咨询过吗?"

一个接着一个的问题抛向他,他心里默默盘算了一下,发现这些问题后续可能会产生一系列风险。如果没有好好梳理,会在后续施工时造成进度和时间的损失。他这才觉悟原来变更是随时随地都会产生的,并不是施工图完成后的后续工作就会一步步按照施工图进行的,那么多潜在的问题都会造成施工图的变更,现在不进行梳理工作,只怕到时候自己面对的将是滚雪球一般的问题。

他真诚地感谢了老赵的良言,关掉了旅游的浏览界面,打开了施工文本,开始进行后续的梳理工作。

4.3 变更过程控制的几个原则

上述变更分析及其对造价的影响，向我们传递这样一条讯息：设计变更关乎项目生命周期的投资，同时肩负项目进度及质量等目标的达成。在现行的建设背景下，项目的进度安排、内外环境及投资情况等决策势必要与其特定的项目背景相匹配，由此也造就了不同项目变更过程控制的差别化发展。在此趋势下，聪明的业主方应该充分认识到作为设计及管理的主导方，设计单位在设计变更及变更控制环节中扮演着无可替代的角色。为有效控制设计变更，与拥有扎实专业及技术背景的设计方开展积极合作不失为最明智的选择。

基于多年对设计变更产生原因的深入研究及全过程设计变更管理的实践，笔者深刻意识到引发设计变更的原因实质存在着或多或少的共性。值得提醒的是，业主在参与设计变更控制环节中应严格遵循以下几方面的管理原则，力图防止设计变更过多、过滥，确保工程有序稳步进行。

4.3.1 将无序纳入计划原则

在设计前期，业主的需求改变、设计中的"错""漏""补""缺"等失误往往是引发设计变更的主导因素。经验表明，这部分变更一般可以有效地通过前期详尽的设计方案加以避之，即便发生也可以通过相应手段对其予以计划调整。然而，在二次招标后引入的幕墙、设备采购、室内装修及景观、照明四个环节中，设计现场变更的处理带给人以无序感。首先，我们应该清楚地了解这4次集中设计主要任务的内容及其相较之于0版图产生的设计变更：

● **幕墙设计**：幕墙设计事关对建筑外观的总体评价。该阶段的主要设计工作包括幕墙设计计算书和建筑幕墙方案图纸两大部分。针对拟建成的建筑外立面增设有关幕墙的防水、防渗、防火、保温、节能环保、外观舒适度及钢结构设计。

● **设备采购设计**：该阶段所采购的材料质量是影响工程总体质量的

关键。其核心任务是对实际施工过程中土建、机电等建筑设备材料的选型及数量的把控。

- **室内设计**：室内设计是实现建筑室内功能性及美观性的主要环节。该阶段主要根据所选设备的型号，对前期预留空间进行优化设计或根据室内的功能区划分进行部分空间的改造设计等任务。

- **景观、照明等设计**：该阶段工作的主要任务为对建筑外围的环境设计。在0版图基础上深入讨论景墙、水体、台阶、小径、室外弱电等的排布。

以上提及的4个阶段集中设计变更现场的混乱究其原因在于设计单位人力资源匮乏。以幕墙设计为例，理想状态下，在结束幕墙招标工作后，业主单位应组织施工方提前介入，与设计方就幕墙深化设计开展相应合作，讨论相关细节，以确保后期施工能在规定的进度范围内有序开展。然而，实际情况通常是业主方在幕墙施工进场前夕才向设计方提出相应的深化出图要求。此时，由于设计单位在施工配合阶段的设计人力资源投入大大减少，原先负责该项目的设计小组可能已经转向其他的项目设计任务中，幕墙出图时间受限于设计配合人员的个人时间。同时，面对巨大的进度压力，仅有的设计人员很难确保相应的深化工作是否达到施工深度要求或相应的设计细节是否考虑全面。

根据笔者以往经验，在施工进度进行合理安排的前提下，不考虑由于业主方的使用和运营需求发生变化产生的重大设计调整，在0版图的基础上开展的以上4次集中设计变更出图足以覆盖整个工程70%以上的设计变更内容。因此，业主方需清楚地认识到尽早组织相应专项施工单位介入设计过程，为施工单位合理安排施工顺序，对减少现场拆改以及浪费的重大意义。

4.3.2 变更程序的严格执行

1.变更程序设置

设计变更方案在发往施工单位前通常会涉及业主、监理、造价咨询单位等多方审批确定。通常，由于变更申请方的区别，对应的设计变更流程往往呈现差异化[①]：

- **施工单位提出变更申请**：施工单位提出变更申请报告，总监理工程师审核变更是否可行，交由审计工程师核算造价影响，再报告给建设单位工程师。建设单位工程师报告项目经理、总经理，获得同意后，通知设计院工程师。设计院工程师认可变更方案，出变更图纸及变更说明。变更图纸或说明由建设单位发给监理公司，监理公司发给施工单位、造价公司。

- **建设单位提出变更申请**：建设单位工程师组织总监理工程师、审计工程师论证变更是否可行及相应的造价影响。建设单位工程师将论证结果报项目经理、总经理同意后，通知设计院工程师，工程师认可变更方案，进行设计变更，出变更图纸或变更说明。变更图纸或说明由建设单位发监理公司，监理公司发施工单位、造价公司。

- **设计院提出变更申请**：设计院发出变更，建设单位工程师组织总监理工程师、审计工程师论证变更影响。建设单位工程师将论证结果报告项目经理，同意后变更图纸或说明，由建设单位发监理公司，监理公司发施工单位、造价公司。

综上所述，变更无论是由哪方提出，均应由监理部门会同建设单位、设计单位、施工单位协商，经过确认后由设计部门发出相应图纸或说明，并由监理工程师签发手续，下发到施工单位付诸实施。其中，变更提出方主要负责及时填报变更审核单并交由相关单位完成变更审核，监理单位需根据现场情况客观真实地做出反馈，变更的造价影响测算交由投资咨询单位完成。

2.程序执行注意事项

变更程序涉及多个专业单位和业主方的不同部门，其在设计变更过程中所扮演的角色各有千秋。基于各方的通力合作，严格遵循变更程序的执行原则，可以有效地对设计变更进行把控，与此同时更好地提升总体管

[①] 全国一级建造师执业资格考试用书编写委员会著.2017一级建造师教材：建设工程项目管理[M].北京：中国建筑工业出版社，2017.

理效率和执行力。

- **设计审查环节**。作为变更把控的核心环节，在审查过程中应尤为注意以下几点：①必要性：确认原设计是否由于不能保证工程质量要求而无法施工或非改不可；②全面性：建设单位对设计图纸的合理修改意见应在施工之前提出，若启动施工后出现设计变更应全面考虑设计变更后引起施工单位的索赔等产生的损失，权衡轻重再做出决定；③对概算影响：预估工程造价增减幅度是否控制在总概算的范围之内，若确需变更但有可能超出概算时，则要慎重考虑；④原因阐明：设计变更应详细说明变更产生的背景及原因，包括变更产生的提议单位、主要参与人员和时间。

- **签注实施环节**。变更实施后，监理工程师签注意见时，应注明以下几点：①本变更是否已全部实施，若原设计图已实施后，才发变更，则应注明，因牵扯到原图制作加工、安装、材料费以及拆除费。若原设计图没有实施，则要扣除变更前部分内容的费用。②若发生拆除，已拆除的材料、设备或已加工好但未安装的成品、半成品，均应由监理人员负责组织建设单位回收[①]。

- **造价审核环节**。由施工单位编制结算单，经过造价工程师按照标书或合同中的有关规定审核后作为结算的依据，此时也应注意以下几点：①施工失误。由于施工不当造成的，正常程序相同，但监理工程师应注明原因，此变更费用不予处理，若对工期、质量、投资效益造成影响的，还应进行反索赔。②设计不当。由设计部门的错误或缺陷造成的变更费用，以及采取的补救措施，如返修、加固、拆除所生的费用，由监理单位协助业主与设计部门协商是否索赔。③监理工作不到位。由于监理部门责任造成损失的，应扣减监理费用。④设计变更费用说明。设计变更应视作原施工图纸的一部分内容，所发生费用计算应保持一致，并根据合同条款按国家有关政策进行费用调整。属变更削减的内容，也应按上述程序办理费用削减。由设计变更造成的工期延误或延期，则由监理工程师按照有关规定处理。

---

① 肖玉锋.工程计量与变更签证[M].北京：中国电力出版社，2015.

4.3.3 对紧急放行流程的严格管理

工程规模的大型化发展引发了施工现场情况的复杂程度持续升级。以上介绍的常规设计变更流程：从设计变更申请至业主方就设计变更讨论其必要性，随后由监理单位签发变更手续，最终将决定下发到施工单位开展变更实施。该流程的实施时间少则几天，多则数周。针对施工环节中的突发性事件，例如遇到施工材料缺乏供应的问题，而现场施工又急需这部分材料，临时从附近厂家购置该型号的材料，但由于其报价较原先厂家的高，严格按常规的变更过程将严重阻碍现场问题的解决。在此背景下，"救场如救火"已成为现场设计管理及施工人员的共识。因此，在设计变更流程中通常会保留紧急放行流程。

紧急放行措施源自生产产品过程，指由于某种原因缺少某个过程确认，但为了达到预期用途不影响产品质量而采用的放行方式。在设计变更环节中紧急放行需在以下限定条件的基础上进行：

- 严格对紧急放行设计的界定：紧急但通常对造价影响并不严重；
- 紧急但不涉及对建筑外观、档次、安全性产生影响。

值得提醒的是，施工单位和投资咨询顾问应在收到紧急放行变更后的规定时间内尽快就变更对造价的影响达成一致。另一方面，为防止紧急放行向常态化方向发展，对于类似违反常规变更流程的做法必须给予严格限制。对于紧急放行的条件限定，需要业主与设计及施工方在开工前期达成一致。

除此之外，随着工程的规模越来越大，对设计人员的技术要求也达到了新的高度。有效的培训能提升设计人员的专业能力和质量意识，为企业创造更高价值。设计单位内部可以通过长期召开交流研讨、案例分析、培训讲座等形式营造学习氛围，提升员工的业务水平和设计经验，提升人员的专业技能培养。统一的培训可以使工作流程标准化，从而提高工作效率。

总而言之，设计变更管理不应仅仅停留在数据统计分析阶段，只有剖析设计变更产生的更深层次原因才能从源头减少设计变更。其次，设计本身引起的设计变更是有限的，应重视企业管理水平对设计变更产生的影响。随着设计总承包模式的不断推广，作为承包方的设计单位在设计环节务必更加谨慎，因为任何设计变更引起的工程造价变动都会对企业效益造成直接影响。因此，在新型设计市场及内外环境的变化形势下，各参建方应对设计变更有新的认识。

实践中的项目经理4-3

有序地面对变化

他在2015年介入了浦东T2航站楼的改造项目。这个项目从2012年开始预计到2016年竣工，此时距离竣工截止日期还有一年的时间，眼看着时间一天天过去，业主方根据最新汇报发现现阶段资金竟然超概算10%，这个巨大的资金漏洞使得业主方十分不满，在询问了施工单位和投资监理后，业主得出了这样一个结论，那就是"设计院的图纸变化过大导致资金投入超支"。

此时，浦东航站楼的项目领导真是有苦说不出，他寻求了有多年大型项目经验的他来帮助他们。他在经过老赵的教导和多年项目管理经验的磨砺下，已经成为一个能够独当一面的项目经理。

他在接手这个项目后首先把全部的工作资料仔细阅读了一遍，发现了原来的项目经理把项目变更的记录都按审批记录下来，他觉得这是一个突破口，于是认真地查阅起来。在经过两个多月的查阅梳理后，他将图纸变化的原因归纳成三点交给了业主方。

首先是业主的使用原因，业主对于机场运营和基地航空改造的高要求造成图纸不断深化。其次是审批原因，施工开始时，消防和施工图并没有审批完成，导致后续的变更发生。最后是现场的原因，不停止航运就进行施工对于施工方有很多限制，而且国内缺乏机场改造的经验，难免会产生很多更改。

这三点原因条理清晰，业主也明白了施工图的更改并不是设计院一家的问题。而他也在交付任务的同时，庆幸变更记录的存在使得他能很快

第4章 变更管理：让变化有迹可循

找出问题所在，他也更深刻地认识到前期一个有序的计划规则和变更程序的存在，可以控制项目风险的减少，更好地进行项目管理。

4.4 变更管理的新思路：设计总包单位的角色转变

本章前3节内容对建筑项目管理中会产生的变更进行了分类，分析了变更的成因，论述了变更管理的核心思想，在实际的基础上提出了对各个阶段变更管理的实施方案和建议，并对实际操作中必须遵循的原则进行总结，较为系统地介绍了变更管理如何运用在建筑设计项目中。但是，我国现行的设计责任系统仍需进一步改进。

在我国现行责任制度中，建筑设计总包单位将设计工作作为其工作重点，而对于项目生命周期的其他阶段，则以配合其他专门单位为主。笔者认为，从变更管理的角度来讲，建筑设计总包单位目前在项目中的这种角色定位和运行模式，在响应变更以及处理变更带来的责任分配问题时，仍然与国际先进水平有一定的差距。当然，随着近年来中国建筑业的不断发展和市场机制的不断改革，已经从政策导向以及一部分工程实践中，通过参考国际上对于建筑设计总包单位工作的分配方式和管理模式，以及相应的责任机制，对国内现行的工程项目管理进行逐步的改革，试图优化设计总包单位在项目生命周期中的角色承担。

本书作者认为，以国际上最为先进的变更管理思路来看，设计单位在设计阶段以外的项目生命周期中，主要应当在施工合同的制定阶段以及施工进行阶段做出角色转变，提高参与度，更积极地融入整个项目的进行过程，这样有利于设计单位对变更的响应，增加变更为项目带来的正向作用，降低变更可能为项目带来的风险。

4.4.1 积极参与施工合同的制定

合同规定了双方的权利和义务，并在发生某些可预见的特殊情况时确定了双方需承担的责任和对策，对于项目变更的发生以及后续的应对来说，是一种非常有效的管理手段。作为建筑设计单位，不仅仅要在业主方与自身签订的合同中明确双方的责任关系。在业主与其他单位制定合同的过程中——这里笔者将讨论与施工单位制定合同的情况——设计单位虽然不直接作为合同签订者，对合同框架以及条文内容作出干涉，但是仍然需要尽可能参与到这个过程中，提出一些合理的建议。设计单位的立场处于业主方和施工单位之间，可以说是实现所有者需求进入项目实体的重要环节，设计单位参与到业主与施工单位合同制定的过程中，一方面能够利用自身对于设计图纸的把握，为双方传递有用的信息作为参考，使各方不会出现信息不对等的情况，促进双方的良好沟通，减少高风险变更发生的可能性；另一方面能够把握条文对于项目责任的分配情况，甚至是提出合理的意见，辅助业主制定合同框架，有利于减轻变更发生时给自身带来的损失。

笔者团队曾以设计总包这一角色参与了港珠澳大桥澳门口岸工程，在建设过程中，所见所闻带给我们很多新思考。

在口岸工程中，真正实现了总设计职责向项目全生命期前后拓宽，使得总设计与投资顾问密切配合。同时，在工程量计量原则和合同条件约定方面进行创新，协助业主规避一些常规的造价控制风险。总的来说，该项目已经初步实现了建筑设计单位在项目全生命周期中的角色转变，设计单位在项目合同制定中处在一个较为核心的位置。

业主和承包商在订立合同时达成这样一个共识：合同履行过程中，合同项下的问题都应由建筑师来做公平的、无偏袒的决定。并且，承包商有权认为建筑师的实际权力与其与业主之间的施工合同的规定是一致的。建筑师在履行其职责时扮演着两种角色，但并非同时扮演。一是业主的代理人，其履行职责过程中的任何违约行为，均会被承包商视为业主的行为；二是独立的专业人士，业主不会对其履行职责时的缺陷承担责任，如对索赔的估价、签发证书赋予承包商获得可支付金额的权利等。

建筑师角色在该项目中出现了与传统项目的反差。在国内，建筑师主要扮演设计人的角色，在计划、组织、质量监督等方面都有其他人士或者业主进行。

4.4.2 加强对施工阶段的参与

施工阶段是项目的重要阶段，该阶段将建筑设计转变为真正可交付的建筑实体，期间，一定会受到施工环境、施工进程、技术条件等不同因素的影响，造成实际施工与前期设计之间产生矛盾，从而引发变更，一方面影响项目的进度和资金投入，另一方面可能引起对设计单位设计责任的追究，造成损失。

在传统的建筑工程项目中，设计单位往往处在一种被动配合的位置上，首先由施工单位或者监理单位发现施工中产生的问题，比如设计图纸中的错误，与现场工程环境不匹配或者是预定的施工组织方式与实际条件有矛盾。通过施工现场的反馈，设计单位对设计进行变更，以适应实际情况。在这种模式中，设计单位并没有采取积极主动干涉的策略，一方面自身对于变更的响应是滞后的、是突发的，难以在第一时间作出最优化的调整，影响工期和工程质量；另一方面，这种变更很可能被认为是设计单位前期工作的疏漏，设计单位会面临索赔的风险。

因此，设计单位应当在整个施工阶段，转变自身的角色定位，从被动配合者变为核心参与者。主动与施工单位，向对方明确自身的设计意图和预想的施工组织，与施工单位达成一致，尽量避免不必要的变更发生，造成对工期和造价的影响。同时，设计单位要时刻把握施工现场条件的变化，对于可能发生的变更做出预测和评估，化被动接受变更为主动控制变更，有前瞻性地进行设计和施工调整，在问题扩大前就提出解决方案，将变更引导到对项目有利的方向上。

在项目进展过程中，设计单位也需要积极地与监理单位互相配合，其中一方面，设计单位应当提供必要的设计信息，并主动向监理单位阐明自身的设计意图和预想的施工方案，提高双方工作的一致性和协调性，协助监理单位更加流畅地组织协调施工工作；另一方面，设计单位也应当积极从监理单位处了解工程项目各个阶段的验收情况，全面了解施工过程中出现的问题和由此可能引起的变更，及时组织应对。

第5章

专项管理：如何让1+1大于3

案例导读5

天津于家堡金融起步区

于家堡金融区距天津市区45km，距北京145km，坐落于滨海新区的核心区，滨海新区海河北岸，西与响锣湾商务区隔河相望，北临天碱、解放路地区，海河南岸为大沽生态居住区，东侧为蓝鲸生态岛，规划中的中央大道南北贯穿规划区域，临河岸线长度约3.3km（图5-1）。

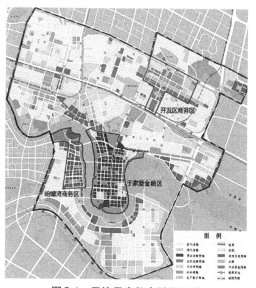

图5-1 天津于家堡金融区示列

金融区定位为全国一流、国际领先、功能完善、服务健全的金融改革创新基地，目标满足市场会展、现代金融、传统金融、教育培训、商业商住的功能需求。

于家堡金融区规划建设面积达到950万m²。其中，金融建筑约占60%，共570万m²，已接近北京CBD东扩总建筑面积的3倍。根据规划建设时序，项目分10年四期开发，每年的开发建设面积在100万m²以上。于家堡金融区建设面积超大、建设进度紧张，在我国城市化发展进程中绝无仅有。

于家堡金融区起步建设项目有着与以往项目不同的设计项目管理难题。项目整体开发、界面多且复杂，技术标准差异大；参与设计的单位众多，但缺少一家在技术上占据绝对主导地位的总体设计单位。因此，如何保证如此规模的项目群在设计质量上维持稳定而一致的高标准成为本项目设计总包管理的难点。

为了突破管理难题，设计管理通过建立专业小组并明确技术主导单位，组织编制专项规划和设计导则指导各专项设计工作，清晰划分各设计单位之间的界面控制，最终达成了高效专项设计管理模式（表5-1）。

专业小组分工表　　　　　　　　　表5-1

设计分组	名称	设计分组	名称
规划设计组	SOM	施工图设计组	天津华汇工程建筑设计有限公司
	MVA		天津市建筑设计院
	日建		华东建筑设计研究院有限公司
	SYSTRA		北京市建筑设计研究院
	天津市渤海规划设计院		中国建筑设计研究院
	铁道部第三勘察设计院集团有限公司		中冶京诚设计院
方案设计组	天津华汇工程建筑设计有限公司	地下空间设计组	日建
	天津大学建筑设计院		天津市渤海规划设计院
	北京市建筑设计研究院		天津华汇工程建筑设计有限公司
	中国建筑设计研究院		铁道部第三勘察设计院集团有限公司
	南京市建筑设计院		上海市城市建设设计研究院

设计分组	名称	设计分组	名称
方案设计组	中科院建筑设计研究院有限公司	市政工程设计组	天津市渤海规划设计院
	都市实践（北京）建筑设计咨询有限公司		天津市市政工程设计研究院
	姚仁喜		天津人防建筑科研设计院
	马岩松		天津市消防研究所
	北京齐欣国际建筑设计咨询有限公司		天津市水利设计院
	张欣（天津市大建学科技开发有限公司）		天津市电力设计院
	张雷（上海大寨国际建筑设计有限公司）		天津市燃气设计院
深基坑设计组	天津城建院	景观设计组	EDAL（易道（上海）环境规划设计有限公司）
	天津华汇工程建筑设计有限公司		
	上海市城市建设设计研究院		
	华东建筑设计研究院有限公司		

各专项组形成了《于家堡金融区城市地下空间概念规划》《于家堡综合交通规划》《于家堡地下空间人行系统专项规划》等10余份专项规划文件，以及《景观设计导则》《照明设计导则》《地下空间设计导则》《金融办公建筑设计导则》四本设计导则。

在设计单位界面协调确定方面，根据设计阶段的不同，分别明确不同的界面控制重点。在方案阶段，主要明确土建、机电合计界面；在初步设计阶段，主要明确人防设计、消防设计；在施工图阶段，统一工程做法、建筑防水做法、接口处理做法，并组织对界面图纸进行会签。

针对业主所关心的基坑工程、地下商业步行街方案、轨道交通预留工程方案等组织设计团队内部交流及专家论证，推进了设计品质的提高。对于施工图审图、结构超限审查等重大技术环节，均组织设计单位提前沟通、严格控制，保证了上述评审工作的一次性通过，并实现了"优秀设计金奖""优秀工程金奖"。

概述

随着科技的发展，近20年来项目系统复杂程度成倍增加，尤其超大型工程建设项目所涉及的专业性强、专项技术要求高，所以需要引入专项设计咨询顾问。专项设计顾问可以在专业领域中针对建筑设计需求的理解，将常规的建筑设计推进到更高的层次，为不同项目量身定做最合适、最得体的设计方案。从而保证整体设计工作的成果能够最大限度地达到合理、优质、高效、经济的目标。

5.1 为什么需要专项管理？

在笔者漫长的职业生涯中，曾不止一次被业主问道："为什么需要专项设计和专项管理？"确实，对于没有经历过超高层、机场、酒店、综合体或类似大型复杂工程的业主来说，"为什么自己的工程需要专项设计""为什么需要为'平白'多出来的专项设计买单""专项设计管理有何必要性"都是很难理解的问题。下面笔者尝试抽丝剥茧地逐一回答上述问题。

5.1.1 为什么需要专项设计？

在回答这个问题之前，需要先来搞清楚什么是专项设计。专项设计一词来源于住房和城乡建设部对于工程设计专项资质的规定。狭义的专项设计指住房和城乡建设部规定的建筑装饰、环境工程、建筑智能化、消防工程、建筑幕墙、轻型房屋钢结构等六类专项资质所对应的设计内容，以区别传统的建筑设计院拥有的建筑设计资质所对应的建筑、结构、给水排水、暖通、电气、动力、弱电等专业设计内容。随着近年来建筑科技的不断发展和境外建筑设计单位越来越多地参与境内的项目，各类境外的专业化咨询也不断被纳入大型建设工程的设计过程。因此，广义的专项设计是指完成建设工程项目设计工作所必需的专项设计和专项咨询工作的统称，但是除国内建筑设计院传统的设计工作范围外，本书中所提到的专项设计，一般指广义的专项设计[①]。

下面就来看看，为什么大型建设工程需要专项设计。在解释这个问题时，通常习惯按照专项设计的功能和作用进行分类说明。笼统地讲，专项设计可分为健全设计内容、工艺设计需要、提升品质需要等3个类别。

1.健全设计内容

专项设计工作内容的产生更多的是出于国家对于设计单位资质的规定。一般情况下，建筑设计单位只需要依法取得建筑设计资质。在国家规定的建筑装饰、环境工程、建筑智能化、消防工程、建筑幕墙、轻型房屋钢结构等六类专项设计资质，以及开展基坑围护所需的勘察资质中，建筑设计资质仅能够承担建筑装饰工程设计，而不具备其余专项设计的设计资格。

因此，当一个建设工程的设计内容中出现环境工程、建筑智能化工程、消防工程、建筑幕墙、轻型房屋钢结构、基坑围护设计等专项工作时，应聘具备专项设计资质的单位与建筑设计单位共同开展设计工作，使得一个项目的设计内容更加完善。

2.工艺设计需要

工艺设计一词来源于工业建筑的设计，原指在电站、钢铁厂、化工厂等高度专业化的工厂设计过程中，厂房建筑的平面和空间设计需要满足生产工艺场地和设备布置需求。在民用建筑设计领域中，特指为满足机场、酒店、商业、SPA会所等建筑特殊运营或经营的需要，对建筑平面流线和专业设备排布提供工艺咨询的专项咨询工作。

上述工艺需求，本可以由项目的使用单位和运营单位来明确负责。然而对于我国绝大多数的项目来说，项目的建设单位并不是最终的使用单位，运营单位也不会在设计阶段就介入项目建设过程。所以，咨询顾问承担了明确项目功能需求和运营使用需求的职责。通过专项项目的咨询可以使得业主对于项目细节的需求更加明确地通过专项设计表现出来。

---

① 丁士昭.工程项目管理[M].北京：中国建筑工业出版社，2016.

3.提升品质需要

此类专项设计指可纳入建筑设计单位的设计范围之内，但基于项目整体的高标准定位和高品质需求，应该委托专业顾问单位开展专门设计的工作内容。这种类型的专项设计大多是室内设计、照明设计、景观设计和其他涉及建筑空间效果和整体形象的专项设计。绝大多数对建筑室内外环境、夜景灯光等拥有品质要求的建设工程，大多经过专业设计师的精心打造。特别是酒店一类的建筑，殿堂级大师的室内设计往往成为后期营销的亮点。

由于国内设计行业与业主方对设计品质越来越高的追求产生了脱节，导致当面对超大型设计的复杂项目时，一个设计单位无论从硬实力还是类似工程经验来说，要独立完成设计任务是很困难的。

5.1.2 为什么需要支付专项设计费用？

这同样是一个被业主单位多次提及的问题，尤其是一些政府投资的项目建设单位。介绍完上述专项设计的主要功能，将更有利于继续解释这个问题。我们首先要认清我国设计费的收费标准是如何产生的，才能够理解这个问题。我国建筑设计行业的管理带有明显的计划经济痕迹，国家通过法律法规明确规定设计单位的工作范围和设计深度，对于设计收费也规定了明确的标准。虽然近期国家已出台文件，逐步放开对设计费取费的监管，但对于政府投资的公共项目，大多仍旧参考国家设计费取费标准进行设计费计取。由于上述原因，项目需要另行支付专项设计费主要基于以下两方面因素。

1.专项设计工作超出国家规定的设计工作范围

如上所述，我国现行法规对设计单位的工作内容和设计费取值都进行了规定，这意味着超出法规规定的设计工作费用并未包含在国家设计费取值标准中。由于我国民用建筑设计行业市场竞争现已基本放开，设计单位在提供设计服务时都不会限于国家规定的范畴，特别是在设计总包管理模式下，如业主方需要，可以把大量非传统设计工作内容纳入专项设计的工作内容中：

（1）明确业主方的使用需求和运营需求所开展的研究咨询：按照比较理想的建设流程，业主方在启动设计工作时应提供较为完备的设计任务书，明确设计标准和设计要求。但是，大多数大型建设工程的建设单位并不是最终的使用方和运营方。所以为了避免设计过程中发生较大的偏差导致工程投资浪费，建设单位都会在方案和初步设计阶段聘请专业的咨询单位提供这方面的设计需求。这部分工作虽然发生在设计阶段，但其并不属于常规的设计工作范围，应归入项目前期研究和咨询的费用中。

（2）保障设计审批通过所需的专项研究咨询：对于政府投资的公共建筑，为避免项目建设和运营过程中对公共利益产生影响，在各个重要的审批环节，政府部门都会要求业主单位委托具备专业资质的专业单位开展道路影响、环境影响、卫生防疫、市政排水等方面的专业评估和研究。由于开展上述评估要求的资料大多数需要由设计单位提供，越来越多的建设单位倾向于将其纳入专项设计的工作范围。这部分工作，国家明确规定属于建设方建设管理的工作范畴，费用应归入建设方管理费。

2. 专项设计费市场价格与标准价格存在偏离

自从加入WTO后，境内建筑设计咨询市场逐步放开，越来越多的境外优秀设计咨询机构进入我国境内设计市场。随着境外机构的进入，国际上较为通行的人工时设计费计价或行业标准计价也逐步在市场中得到应用，并形成了相应的市场价格。如果业主方出于项目整体高标准定位及建筑的高品质要求，决定聘请境外著名设计单位开展专项设计，那么就会发生专项设计市场价格高于国家取费标准的情况，在该业主方需要申请专门资金时应该对该部分费用给予补贴。

5.1.3 专项设计管理有何专业性？

了解了专项设计的功能和作用，必然有人会觉得专项设计管理很简单，无外乎找一家单位，安排好进度，开一个启动会，然后就等着接收成果了。而且确实有业主单位，采用平行承发包的方式自行对专项设计进行管理，只是难度很大，矛盾也很多。

专项设计的管理是整个设计项目管理中对项目经理的技术、经济、合约、界面等综合管理能力要求最高的管理模块，需要管理者具备多方面的能力和知识储备。不去提专项设计涉及远比常规设计更为复杂的技术规范和材料性能要求，也不提各个专项设计之间、专项设计与常规设计之间复杂的相互提资和技术界面，以及专项设计与整个建设工程招标间密切的配合关系，下面仅以专项设计的采购和商务洽谈环节为例，讲一讲其中所涉及的专业知识和专业能力。

1.专业的专项顾问信息库——酒香也怕巷子深

与淘宝或者京东上搜索商品不同，专业的专项设计咨询是一个相对封闭的市场。部分专项设计顾问常年来只与少数建筑师或业主单位维持长期的合作关系，其口碑只在极小的专业圈子里传播，并不进行公开的广告宣传。专业的设计管理顾问依靠长期的项目经验积累，逐渐建立了较为健全的顾问信息库，并不断进行动态更新。这足以保证专业的专项管理顾问能够为业主提供充足的信息支撑。

2.良好的合作关系——光有钱也买不到好服务

与国内建筑设计行业长期处于买方市场的红海竞争不同，部分优秀的甚至是顶尖的专项单位或明星事务所并不缺乏项目机会。部分专业事务所更加倾向于与拥有良好合作关系的合作伙伴进行长期合作，个别明星设计师还需要考虑其项目档期安排。专业的设计管理顾问拥有与众多国际顶级设计机构和明星设计师的合作经历，能够帮助业主单位与上述顶尖设计资源建立合作联系。

3.专业的合作技巧——国际化的服务需要国际化的规则

由于商业习惯和法律存在差异，与境外事务所的合作通常混合着思维碰撞的甜蜜和文化冲突的苦涩。专业的设计管理顾问能够建立起业主与境外设计单位之间良好合作的桥梁，通过对国际化合同法规、商业习惯、文化背景的充分掌握，打造更为和睦的合作关系。

小事物大作用

他在进入设计院的前几年做的是小型住宅项目，随着能力提升，领导便带着他一起做了中博会的项目。这是他第一次接触大型场馆项目，跟着领导和业主谈话的同时他也默默学习了很多大型项目专有的业务知识。

今天，领导派他一个人去和业主见面，主要谈到了一些合同中的小细节，他凭借这些天的学习还算能够自如地对付业主，但是缺乏专业知识的他很快被一个问题给难倒了，"为什么要请交通顾问？难道地面上的交通也要我们单位负责吗？"

他一下子被问住了，小型住宅建筑的项目从来没有涉及过交通顾问这一职位，他脑子里一边想着大型建筑其特有的交通复杂性，一边又无法把这种感想用语言具体表达出来。

带着这个疑惑，他匆匆回到公司虚心请教资深建筑师老赵，老赵随手摊开身边的一张大型建筑项目的图纸对他说"你看，对于大型项目，机场也好、场馆也好，最重要的不是其结构有多好看，整个交通流程的通畅才是它的基础。"

老赵在纸上随手画了一些线条："交通流程不仅包括来访者乘坐公交、地铁、私家车时的路径选择，还包括场所内部的进出流线，以中博会的面积可以同时容纳几个展览同时运营，那么该如何安排这些展览之间的来访线路，如何安排不同展区给不同需要的展览备展，这些都是交通顾问需要进行规划的。"

"更重要的是，一个可以容纳二三十万人的场馆，要做好充分的人员疏散流程策划，不然在遇到火灾、恐怖袭击的时候就要发生踩踏事故了。"

他听了这番话恍然大悟，原来建筑的建设并不仅仅是结构和框架，其中很多看上去不占大头的专项也会对一个项目造成很大的影响。

5.2 采购清单是怎样产生的

5.2.1 采购清单是"量身定制"的

经常有业主说："既然你们有这么多大型建设工程的经验，那参考几个大项目，给我们的项目简略地列个专项采购清单吧。"但其实，要确定一个项目所需的专项设计采购清单并非只是简单地罗列一个菜单式的清单，而是一个高度定制化的过程，在这个过程中不仅需要对项目的功能范围进行深入的研究，还需要综合考虑业主的需求、项目的品质等多方面因素。从一定角度来说，每一个建设工程项目专项采购清单都需要一对一地"量身定制"，其主要原因有以下几个：

1.不同类型项目的专项采购清单是不同的

不同类型项目的功能是不同的，工艺流程自然也是不同的，那就涉及众多不同专业的专项设计分包，因此所形成的专项采购清单就会是完全不同的。

例如，在酒店项目中，首先必须从业主方对于项目功能定位的客观需求出发，如是否需要配备游泳池、Spa服务，是否需具备餐饮服务。为满足以上这些功能需求，通常会邀请相应的游泳池工艺顾问、Spa工艺顾问、厨房顾问，甚至是酒店管理顾问等进行专项咨询工作[①]。

而在综合交通类项目中，由于这类项目是一个功能性极强的复杂性建筑群体，需要通过很好的组织流线解决功能需求。人流、物流、车流的合理布置，往往是交通建筑设计的主导线。因此，通常会根据项目的功能定位和衔接换乘关系的复杂程度，采购一批项目经验丰富的交通专项顾问团队提供最有力、最全面的技术支持，保障建筑平面项目流线排布的合理，确保项目功能需求得以满足。

但是在超高层建筑中，可能以上提到的这些专项顾问不再是专项采

---

① 《建设工程项目采购管理》编委会.建设工程项目采购管理[M].北京：中国计划出版社，2007.

购清单中必须考虑的关键因素，一个优秀的电梯顾问团队才是高端建筑品质基础的保障。

2.同样类型不同档次项目的采购清单是不同的

同样类型的项目，可能功能需要相同、工艺流程类似，但是基于不同档次的前提，采购清单却可能是完全不同的。因为专项设计是可分可合的，对于档次要求较高的项目，专项设计完全可以分得很细致。

同样以酒店项目的整个室内空间为例：对于一个高端的五星级酒店来说，为了全方位提升项目整体品质，通常会将整个室内设计、室内照明、标识设计，甚至是艺术品陈列等专项都逐一委托不同的专业顾问进行设计。但是对于一个普通的三星级酒店而言，可能只需要一个整合能力较强的室内设计顾问就可以涵盖室内、照明、标识等整个室内空间功能需求的全部专项工作。

3.同样类型相同档次所处工程区域不同，项目的采购清单也是不同的

在同类型、同档次的项目中，往往建设项目所处的区域不同，采购清单可能也是不尽相同的。结合笔者多年的从业经验，不难发现同样是机场项目，在有些维稳敏感地区的机场，通常会对反恐有着特殊的工艺要求，这就需要委托专门的反恐顾问。

类似的情况还常常会发生在消防专项、交通专项、风洞专项等中，因此，专项采购清单的确定不仅需要对项目的功能有充分的研究，对档次定位有整体的理解，更要明确项目所处区域主管部门的审批需求以及当地特殊的政治、文化背景。

5.2.2 确定采购清单的基本程序

对于一个大型建设工程而言，确定专项采购清单通常需要经过几个重要的步骤，包括确定业主需求、明确工作范围及界面划分、确定开展征集的意向清单等。每一个步骤都需要丰富的管理经验和高超的沟通技巧，这考验了设计管理方的经验、技术管理等多方面能力，是一个非常专业的过程。

1.确定业主需求

一个项目的专项采购清单反映了业主方对工程品质的关注程度以及

特殊要求。制订高度定制化的专项采购清单的第一步就是要充分了解业主方的需求。了解业主方需求的过程并不是通过一次、两次简单的会议，而是需要建立在长期沟通基础上，深刻理解业主方的需求。一个有经验的项目经理，从与业主方的第一次会面开始，就在心中逐步勾勒业主方对项目需求的完整蓝图。

2.明确专项设计工作范围及界面划分

接下来，就是项目的主体设计团队与业主方共同明确专项设计的工作范围以及界面划分，这是最能体现专项设计管理专业性的步骤。

（1）工作范围的确定：专项设计工作的原始需求来源于主体设计各专业为完成工程的全部设计工作，对专项设计提出的专业需求。专项设计、咨询工作与主体设计工作一起，共同产生了项目所需要的全部设计成果。此外，还需要和主体设计团队一起，系统地梳理主体设计工作的完成现状，以确定专项工作的工作基础。

（2）界面划分：专项设计以主体设计成果作为工作基础，因此，专项设计和主体设计之间存在着错综复杂的工作界面。此外，专项设计之间存在技术配合关系，因此，也存在工作界面。专项设计工作界面的划分，既要参考以往工程经验中的利弊得失，也要综合考虑工程后续采购、招标的需求，往往是多方权衡后的结果。专项设计的切分不是越细就越专业，这会导致界面的过分复杂，对后续整体设计成果的整合带来麻烦。例如，除了部分交通流线较为复杂的特殊项目，一般情况下将标识设计融入室内设计统一考虑，更有利于减少后续的施工界面。

3.明确开展征集的意向清单

明确了专项设计的工作范围以及界面划分后，结合之前了解的业主方的品质和档次需求，就可以初步确定本项目开展专项征集比选的意向清单，进而大致确定专项设计的总体费用。对于业主方来说，意向清单的确定可以最终明确专项设计顾问的档次和标准。对于项目经理来说，是充分发挥经验和人脉、梳理市场信息并与业主方充分沟通的过程。确定专项的档次，类似于宴席点餐，要突出亮点，全明星阵容所带来协调上的困难往往导致整体进度的滞后。

如何确定采购清单？

他在弄明白了交通顾问的存在对于一个大型场馆项目的重要性后，感觉对于大型项目和小型项目的不同有了一个初步的对比。他又打开合同，细细地浏览了一遍，发现专项里不仅有交通流线管理，还有照明管理、消防管理、环境管理等20多项专项管理内容。而老赵在做的机场项目中刚刚据他所说有30多项专项管理。他不禁感到好奇，这些专项管理的类别是如何被确定的呢？

他再一次向老赵请教："如何确定什么项目需要什么专项管理呢？"

"这个关联着许多不同的因素，比方说项目本身性质不同，你看你以前做的小型住宅项目，它就是不需要交通流线管理的。但是大型项目的人员流动复杂，就必须保证流线的规划。还有就比如不同档次的酒店，它对于照明的需求也是不同的，普通的酒店所需要的只是照亮这一功能，但是对于五星级酒店来说，灯光就不仅仅是照明，更是一种视觉上的设计。最后还有一种就是审批上需要的专项管理，这种情况是当地主管部门的审批，也就是说在不同的地方你的项目要面对的是不同要求的审批。"

他的神情随着老赵的一席话由困惑转向了然，"原来如此，专项管理的存在不是凭空制定的，而是要结合功能、需求等因素确定。"此时的他再看向合同时能够一点点理解和分析合同中不同要素产生的原因了。

5.3 如何确定专项单位？

采购清单是由业主方、设计方、设计管理方在共同努力下制定而成的，它满足了各方的初步专项设计选择需求。在此基础上，业主方及设计方确定专项设计单位的主要目的是让其提供能够满足需求的服务。

在此过程中特别需要强调的是，专项设计单位的采购流程应保证合法合规。基于采购清单上的专项设计单位往往在业内具有一定口碑和声望，并且可能与设计总包单位具有项目合作经验，确定专项设计单位的流程应做到合法合规，以避免相关投诉对设计总包单位的业内口碑造成影响。此外，确定专项设计单位在做到公正透明的同时也要平衡各方的需求。

那么采购环节应该经过哪几方面来确定呢？笔者根据经验总结了以下3个环节。

5.3.1 选择专项设计单位的方法——商务比选还是带方案征集？

确定专项设计单位的主流方法主要为商务比选及带方案征集。无论是商务比选还是带方案征集，从本质上来说，并不是依据以往法律规定的招标投标过程，这两种方法的重点不是招标投标的流程，而更多的是通过设计周期、成本费用控制以及征集成果来确定专项设计单位。

这两者的差别在于是否邀请单位来准备概念方案设计，充实比选内容。对征集方来说，商务比选与带方案征集各有其优缺点，适用性不相同（表5-2）。

商务比选与带方案征集的特点差异性　　　　　表5-2

	商务比选	带方案征集
设计周期	较短	较长
成本费用	较低	较高
方案特点	对服务建议及商务报价进行评选	对方案及商务报价进行评选
成果把控	确认中标单位	征集方案或确认中标单位
	无法对设计方向进行把控	可以对设计方向进行把控

根据笔者在专项设计方面的经验，通常情况下，商务比选较常见于厨房设计、幕墙设计等常规专项设计；带方案征集主要用于景观设计、室内设计等会对设计效果造成较大影响的工程中，往往是业主最为关心的专项设计部分。

5.3.2 评判专项设计单位——选择有经验的一流单位和团队

比选所需的必备步骤有：比选人发布比选文件—比选申请人提出申请—确定比选邀请人—组建评审委员会并制定评审标准—进行比选评

审—确定中选人—签订合同等首尾相接的环节。

比选人向有意向合作的专项单位发布征集文件，询问其征集意向，从而确定比选邀请人，并与业主方共同确定评审委员会的专家构成及评审标准，最终组织会议进行评审比选，从而确定中选的专项单位，并与之签订合同。在这项过程中，专项设计单位甄选原则不仅需要设计总包单位对项目有充分的理解和整体的判断，还需要了解业主方的需求，将项目成本的控制也纳入必须考虑的范畴中。

业主在合同签订之前，如果对专项设计单位的能力及管理水平不了解，很容易出现专项设计单位无法实现业主对既定目标的需求或项目管理要求的情况，所以才会出现合同难以执行甚至最终导致项目工期延长或出现经济损失的情况。

设计单位要对专项设计单位进行考察、评价、选择和确定，对专项设计单位考察和评价的因素包括以下几项。

1. 必须对同类项目有丰富的实践经验

有丰富经验的专项设计单位可以更好地服务业主，更好地领会主体设计师的想法。这样一个有经验的设计单位同样会聚集一群经验丰富的专业工程师来从事某专项方面的设计或咨询工作，如果选择这样的专项设计单位就能够有效减少沟通成本，节约时间，提高工作效率，有效、合理地控制工作质量和进度，解决"工作量大、时间紧"的现实困难，以达成业主的总目标和各个阶段的要求。

2. 各自专业领域内具备国内外一流的实力

专项设计单位应具备雄厚的专业技术实力和项目管理能力来满足项目"高质量"的要求。由于上述领域比较专业，需要专业协作单位在国内和国外都处于一流的水平，具备雄厚的专业技术实力，这样的专项设计单位无论是从技术上还是经济上都会保证业主的利益得到最大化保护。同时，此类公司在项目管理中需要具备较强的协调和沟通能力，确保技术上符合要求，管理上有条不紊，只有这样才能满足该项目"高质量"的要求。

3. 能够被业主充分认可

能够被业主认可的专项设计单位可以获得更多业主的选择。专项设计单位应该重视和业主之间形成的合作关系，要明白合作关系并不是仅限于向业主提交施工图，只有在考虑到业主的利益和难处的前提下，满足业主的需求，才能够更好地获得业主的肯定。一个可以站在业主的角度上思考施工图设计的专业设计单位必定能使业主对后续提供的服务感到满意，业主对专项单位的认可可以使其在业界的口碑提高，其他业主也会更加倾向于选择被合作过的业主认可的专项设计单位。

4.注重团队评价而不是只在意单位名气

业主需要明白的是专项设计单位的具体工作团队评价相较于单位名声更重要。业主对于专项设计单位的抉择不能仅从单位的知名度上考虑，要避免执着于选择国际大公司，而忽略其为项目配备的团队的评价，可能会导致在项目执行过程中获得不好的服务体验。设计单位目前开展的设计形式是以团队为主，所以应该将对专项设计单位的考察和评价更多地集中在团队的评价上，避免造成"挂羊头卖狗肉"的情况。团队成员的经验、业绩、工作方式才是组成项目进展效果的根本。一个优秀的团队比一个有名气的公司更重要。

5.3.3 与专项设计单位的商务洽谈和合同签订

商务洽谈和合同签订是专项单位采购的最后一个环节。通过商务洽谈可以与专项设计单位进行具体的细节谈判。而合同签订的主要目标是将比选过程中取得的阶段性征集成果及商业谈判中的优势选项以合同条款或合同附件形式进行书面明确，便于在下阶段合同执行过程中监督落实。

根据笔者多年的专项设计合同管理经验，在签订专项设计合同过程中，需要强调的几个关键点如下：

1.工作范围和界面

在超大型工程项目的设计管理实践中，将分包合同分配给众多不同专业的专项设计的前提显得尤为重要。做好专项设计合同的切分是设计总包单位的必要任务，并建立纵向深度匹配、横向系统完整的合同体系架构，这样才能确保设计能够顺利进行。

专项设计合同的切分主要是以同一个系统或专业的不同阶段为基础，

在不同的合同内将各自的工作范围、设计界面、设计深度等予以明确和层层分解，确保纵向合同链在项目任务的分解中没有遗漏。

除了纵向的合同切分，合同体系的建立同样涵盖了不同专业、专项之间的横向体系构建。将纵向体系与横向体系进行对比，横向联系的合同之间关联度较少，但是不同的合同明确地界定了不同的工作范围和内容，这些工作对于整个项目来说却是相互影响并且紧密关联的，比如，室内设计与大空间照明就存在协调性，标识设计也必须与室内设计的风格进行统一等等，所以需要对此类合同进行整合管理，从设计进度和设计品质上做统一要求。

2.工作进度

专项设计单位的成果属于总体设计成果的一部分，所以专项设计单位必须按照合同约定的时间节点给出质量合格的工作成果。

专项设计单位也必须合理安排工作节奏，总体设计进度可能不尽相同，但是必须与设计总包单位的目标保持一致。所以需要针对主要阶段的节点进行进度把控。对于规模较大的项目来说，在前期制定项目总体设计进度计划的过程中，需要所有施工单位按照此项设计进度计划来制定配合进度，该进度计划应具备一定的预见性和前瞻性，从而能够高度协调匹配总体进度，周全地考虑到所有影响专项设计进度的因素，增加后续的实施性和可操作性。

3.服务承诺及人员安排

在比选过程中，为了推销和体现自身优势，专项单位往往对服务及设计人员做出承诺，提供具备相关资质和项目经验且能满足项目需求的设计团队，并保证人员到位。为保证这些承诺和安排的实现，合同中往往对相关内容进行约定，如：

乙方须保证设计人员的数量、质量。项目设计组人员经甲方确认后，乙方不得随意更换。甲方有权要求乙方更换不称职的项目负责人（项目经理或设计总负责人）、各专业（专项）主要负责人及专业骨干，乙方应在甲方要求后的5天内更换。

关于现场设计：在本项目的各个阶段，甲方根据进度要求有权要求乙方分阶段、有计划地指派相关设计人员短期驻现场进行现场设计，配合与解决现场出现的有关问题，按时参加与设计有关的所有会议，以满足进度要求。乙方应派遣相应专业的设计人员驻现场办公，设计人员应按时参加工程例会及与设计有关的所有会议，并根据工程需要进行现场服务。乙方应承诺上述要求并不增加额外设计费。

乙方项目负责人必须在工程实施期间参加与设计方案有关的会议，并按甲方要求及时到达现场指导工作。

5.4 专项合同的执行

合同是发包方与承包方通过项目设计、工期、技术、功能和最终用途等方面密切相关的条件而订立的利益与责任契约。在专项建设领域，一份充分考虑利益双方意见的专项合同是发包方与承包方开展有效合作的基础。现有的合同制背景下，各方关注的焦点往往是专项合同架构的合理性、内容的有效性。然而，根据笔者多年的项目经验，专项合同的执行与交底环节是推动总体建设项目达成质量、进度、投资成本的目标成败的关键[1]。

5.4.1 合同执行现状——不均衡动态博弈

现有的建筑买方市场环境定义了发包方与承包方之间的实质是一种"委托—代理"关系，这种层级分明的关系造成了合同双方的权责及利益存在显著的倾向性。为维护和实现各自利益最大化，在合同执行过程中，发包方和承包方之间常常保持着不平衡的动态博弈[2]。表5-3详细分析了合同双方不均衡动态博弈过程。不难看出，合同双方的利益取向存在强烈的反差。合同双方就像处于一个天平的两端，双方通过不断增加自身的重量

① 全国造价工程师执业资格考试培训教材编审委员会.建设工程造价管理[M].北京：中国计划出版社，2013.

② 成虎.建筑工程合同管理与索赔[M].南京：东南大学出版社，2000.

而使天平的倾向发生变化，这个天平是指合同的执行过程。

专项设计是工程总体建设过程的重要组成部分。通常，在发包商决定执行分包的那一刻就意味着它将面对多家专项承包方的利益索取。由此，从源头了解其发生的原因是有效应对相互间频繁的不均衡动态博弈的关键。

- **建筑工程的复杂性**：工程项目面临界面复杂、工程技术要求高、周期长、专项繁多等诸多建设难题，简单的合同语言无法将各方的权利义务、待发生事件的处理等进行明确界定。分包方秉承"利益至上"的原则使得偷工减料、设计工期延误、设计质量不合格现象时有发生。

- **合同双方信息不对称**：实际施工过程中，发包方和承包方两个主体之间处于一种特殊的经济依附关系，他们之间一定会通过直接的、显性的信息不对等来进行博弈。承包方比发包方更了解自己的能力和项目实施情况，发包方往往处于信息弱势地位，难以完全掌握承包方是否严格按照合同进行设计工作。

- **供需关系不平衡**：当前，我国建筑发包与承包市场呈现的"僧多粥少"现状促成了发包方在市场上的优势地位，合同执行的优先权也随之向发包方倾斜。承包方为了能够中标，在投标过程中会人为地将价格信息进行扭曲，给予招标方高质量、低报价的承诺。然而过低的报价却使合同履行变得困难，在设计过程中就会出现偷工减料的现象。

合同双方不均衡动态博弈分析表　　　　　　　　表5-3

	扮演角色	目标	决策行为	利益取向
发包方	主导者优先决策	保证质量、安全且工程项目建设顺利进行的前提下，合理节省投资、缩短工期	在招标投标和承包的基础上，建立激励约束机制，督促承包商为工程建设目标努力工作	施工质量有所保障的前提下，尽量减少投资并缩短工期，以取得最大的投资效益
承包方	从属者配合决策	针对项目发包人制订的激励与约束机制，对资源进行合理分配并组织完成项目建设，使利益最大化	合同和企业自身会对资源进行约束，但可以一定程度地灵活执行合同	在执行工程合同的过程中获取最大的利益，但忽视了工程项目本身的效益

5.4.2 合同执行控制的关键点

价值链理论是串联商业项目的计划、生产、销售、运输等一系列综合性分析理论，该理论强调各环节以连续性与合作性实现建设项目的主体合同以及专项合同的执行控制，这为转变合同执行双方的博弈行为提供了新的思路。其核心理念的阐述如下文所述。

建筑工程从规划开始到验收的每一个环节都是影响整个项目的重要组成部分，每一个环节都是其链条稳定、持续运行的支撑。在关注每个环节最大利益的同时，必须完整地考虑环节衔接和其权重收益的有效分派，不仅仅考虑一个环节的收益和成本管理，每一个环节都必须为整个价值链也就是整个建设工程的收益最大化做出最恰当的安排，由此维持整个价值链的稳定进行，保证分包商和承包商之间的良好合作关系，建立更加稳定的合作关系，实现建筑工程正常建设的收益共赢。

显然，多方倡导下的价值链理论为同一个价值链上的承包商和分包商就工程的质量、进度、成本目标的达成搭建了新的合作平台。经验表明，要使分包商配合承包商按合同约定的时间节点提交质量合格的工作成果，效仿进度控制原理采取关键点控制法开展合同的执行不可或缺。首先，需要清楚地识别专项设计合同执行过程的关键控制点。

（1）节点控制：各分包单位进度计划的制定需配合项目总体设计进度。进度配合计划需要具备预见性和前瞻性，需要周全地考虑专项设计进度的影响因素，能够完美匹配总体进度。值得提醒的是，在进度节点的编制过程中，务必对节点包括的工作内容作出具体阐明。例如，承包方要求在某天出图，实质除了完成图纸的输出工作，还包含图样的会审等相关工作内容。

（2）成本控制：专项设计合同执行的另一个关键点就是合同的成本控制。分包单位的设计耗资对最终实耗成本的影响也是巨大的，所以在项目实施阶段需对分包单位的资金使用情况进行监督也十分重要，主要方法为制定较为科学、全面的审查制度和评估环节。另外，以影响总目标作为前提，可以对专项进度计划进行修正以及调整，通过调整后的计划有效地对总体进度偏差或延误进行控制。但是，会因此产生设计变更、设计资源的增加、设计范围甚至定位的调整。

（3）质量控制："百年大计，质量第一"。作为整体工程验收的重要子项，各专项设计的局部质量将严重影响整体项目的最终质量评审。因此，在合同执行过程中，承包商务必按照双方达成的质量约定，定期对已建成的专项部分进行质量评估。

（4）变更控制：受主体工程的进度及变更影响，随之引发的专项设计变更不可避免。专项合同的特点之一便是合同内容要针对工程量以及双方责任变化进行频繁地变更，会对合同的执行造成很大的影响。设计变更指令的缺失、变更立项的审查、审批环节的不到位，都是引发专项设计合同执行混乱的主导因素。

5.5 专项管理的新发展——全过程供应链管理

本章前文论述了专项管理的成因以及存在意义，并结合建筑设计项目的实际情况，从采购清单的确立到专项单位的选择到专项合同的制定和执行这样一整个建筑设计项目中专项管理的流程进行了介绍，并对其中应当遵循的原则和应当注意的关键点就笔者个人的工作经验以及行业实际提出了建议与看法。然而，在目前建筑工程项目新的发展情况下，传统的专项管理不能继续完全满足市场的需求，需要跟随时代变化同步提升。因此，在本章最后，笔者将对专项管理在当代的新发展，以全过程供应链管理理论作为代表，进行论述。

5.5.1 工程供应链的产生

在新经济环境下，事物的独特性取代了重复性过程，建设工程本身便独具特点，再加之信息动态化、市场不断带来新的需求、利益相关者不断增加、技术发展日新月异。在如此高速发展的环境下，业主方对项目设计品质也提出了更高的要求。

与此同时，三峡工程、南水北调工程、奥运工程、青藏铁路、杭州湾跨海大桥以及正在建设中的港珠澳大桥等一大批国家重大工程,规模庞大、复杂度极高、技术高密度集中,对传统的项目管理提出了巨大挑战,如何提高项目整体品质,成为亟待解决的问题。全过程供应链立足于工程组织间、工程多阶段间的集成、协调与共享,能够转换管理者固有的管理思路,达到优化工程目标、提高项目品质的目的。

工程建设是一项复杂的系统,过程包含众多参与主体,使得这一特殊的造物活动显得尤为复杂。供应链的概念始源于20世纪80年代,它是指商品到达消费者手中之前各相关者的连接或业务的衔接,是围绕核心企业,通过对信息流、物流、资金流的控制,从采购原材料开始,制成中间产品以及最终产品,最后由销售网络把产品送到消费者手中的,且将供应商、制造商、分销商、零售商,直到最终用户连成一个整体的功能网链结构。

20世纪90年代以来,随着全球制造和虚拟企业组织形式等相继出现,国际竞争日益激烈,供应链管理在制造业中得到了普遍应用并成为一种新的管理模式[①]。作为一种战略管理思想和方法,供应链管理通过制造业的成功实践,极大地促进了一批研究学者和实践者把供应链管理引用到建筑和工程项目管理中,从而达到有效控制和整合工程运作、优化工程整体效果的目的,因而产生了工程供应链的概念。

5.5.2 传统专项采购的局限性

建筑业快速发展的同时,传统的专项设计采购方式遭遇挑战,总结其弊端可归纳为以下3个方面:

(1)缺乏共同的利益基础:在传统设计项目管理模式中,业主与各设计单位之间可以看作是临时合作的关系,既竞争又合作。尽管为了整个工程项目顺利完成需要所有利益相关方的通力协作,但由于各方利益基础是缺乏共通性的,而且各自都会追求自身的利益最大化。从而使得整个生产

① 夏立明,边亚男.设计—采购—施工(EPC)模式下建筑企业供应链合作关系稳定性影响因素研究[M].天津:天津大学出版社,2015.

管理链中组成个体的经营目标不能保持一致，由于他们的利益冲突，导致工程总体出现建造成本上升并且建造质量下滑的现象。

（2）缺乏有效的界面管理：建设项目是各个组织之间的行动过程，参与方往往因为相互利益抵触而出现协调合作失控的情况。在项目早期的策划阶段、设计阶段，管理者应关注界面，因为整个设计过程中的界面十分重要。如果将设计分成几个工作包，界面设计很可能出现问题，各方都不把界面附近范围的工作当成自己的任务。

（3）项目复杂性日趋增强：随着项目周期的增长、项目预算的增加、各参与方的加入、各任务相关性逐渐复杂，项目的复杂性将不断增加。大型项目往往要适应外部框架并满足外部环境变化下的应对要求，因为这涉及各种不同的合作伙伴参与该项目的利益和复杂的融资模式或国际供应关系。

5.5.3 对全过程供应链的探讨

由上文内容可知，在传统专项采购管理遭遇挑战的情况下，全过程供应链的提出具有重要的现实意义和价值。全过程供应链是一个整体的功能模式，包含了工程的计划、设计、建造、施工、验收等阶段。其参与主体也包含了各阶段的项目干系人。对全过程工程供应链进行管理，是实现工期、质量、成本、风险等工程多目标的控制与优化，对系统整体进行增值。

建筑项目要追求较高的品质，首先在设计上进行严格的质量把控是十分重要的，需要使用到国际化的设计产业链资源来整合平台，以实现建设项目品质的全方位提升。随着网络技术的高速发展，全球供应链逐渐生成。我国将出现面对全球的设计阶段供应链，目前仅停留在方案征集阶段，究其缘由在于不同国家对于工程图纸的审图深度、行业规范都不尽相同，因此，全球供应链在工程项目上的应用发展不及其在制造业中的覆盖面广。

目前，已有不少国家重点工程采取国际方案竞选的方案设计模式，而大众对其效果的评价则参差不齐。例如，中央电视台总部大楼，被群众称为"北京大裤衩",是由荷兰人雷姆·库哈斯和德国人奥雷·舍人带领大多会建筑事务所（OMA）设计，以其建筑外形前卫，被美国《时代》评选为2007年世界十大建筑奇迹。中央电视台总部大楼从最初的50亿元工程预算，一路攀升至近200亿元，并且支付给设计方大都会建筑事务所高达3.5亿元的设计费用，平均达630元/m²。知名境外事务所＋高额设计费，是否就是项目方案设计的完美保障呢？我们在此不对具体工程进行评价，但毋庸置疑的是，这一问题值得我们思考。

供应链运作与管理在制造业取得了举世瞩目的成绩，工程供应链运作与管理是否能够取得更大的成功，仍需进一步探讨。全过程供应链立足项目全生命周期，从提高项目整体品质的角度而言，其带来的作用是积极的。以工程项目为载体，围绕项目业主的需求，从项目需求和可行性分析开始，从设计计划阶段到项目建设启动、竣工验收，后期运营维护，直至设施报废处理的过程称为整个项目的寿命周期，项目业主、总承包商、设计单位、建设承包商、监理单位、供应商等作为组成整体工程项目增值网链结构的个体。

工程项目多而庞杂，利益主体之间错综复杂地交织在一起，按照传统的制造业供应链管理思想来进行工程项目的管理，必须适应工程项目自身的特点，从业主的需求提出、项目的规划设计、承包商的招标投标、供应商的选择、采购物资物流优化等各个方面，进行供应链一体化的统筹、协调与管理，才能以较高的水准完成工程项目，实现供应链成员各方的利润。

第6章

沟通管理：引导项目成功的战略地图

虹桥综合交通枢纽

虹桥综合交通枢纽位于上海闵行区北部，是上海城市交通基础设施的重点建设项目，是2010年"世博会"的配套项目，同时也是一座面向全国，以服务"长三角"为目标的超大型、世界级交通枢纽。

虹桥交通枢纽是典型的多种交通模式的高度集约的交通建筑。其集成了高铁、地铁等各种轨道类交通，公交、长途、出租车、私家车等各种路面交通以及民航运输。在集成了多种交通方式的同时，虹桥交通枢纽的枢纽性还体现在不同交通方式之间大量的中转换乘。虹桥枢纽项目总建筑面积约142万 m^2，水平向由东至西分别是虹桥机场2号航站楼、东交通中心、高铁、西交通中心。其中，东交通中心集地铁、公交和社会车库，服务于2号航站楼；西交通广场组织地铁、公交、长途和社会车库，服务于高铁。虹桥枢纽项目设计日均旅客流量约100万人次，2号航站楼设计年旅客吞吐量为2100万人次，预留远期发展到3000万人次/年；高铁设计年旅客发送量约7800万人次。作为建设规模与旅客规模均超大的枢纽，虹桥枢纽实现了简洁流畅的交通组织，识别明晰的空间组织，以人为本的换乘体验以及有效融入公共服务的建设目标。

超大规模只能算是虹桥综合交通枢纽项目的众多难点之一，多投资主体、多设计参与单位以及多建筑子项也是项目管理难点。虹桥枢纽所集成的多种交通方式，以及由此带来的不同建筑单体权属于各个不同的主管单位，因而形成了投资主体多元化的格局和项目的特殊性，其中最主要的几个单体子项中，虹桥机场航站区的使用和投资属上海机场集团，高铁车站由铁道部直辖，磁悬浮属磁浮公司主管和使用，磁悬浮、东交通中心、外部高架快速路网由申虹公司投资，地铁又属申通集团，设计单位同时面对着上海机场集团、申虹公司、申通集团、铁道部、磁浮公司等多个主体，沟通网络庞大而复杂。

虹桥综合交通枢纽内部功能关系和交通组织复杂，造成设计界面存在各种接口与交叉，不仅技术整合难度高，设计管理难度也充满挑战，其中最大、最繁重的工作就是沟通。保持有效的沟通是推进设计进程的重要基础和前提条件。建立覆盖范围全面、条理清楚、运行高效的沟通、协调机制成为虹桥综合交通枢纽成功的关键（图6-1）。

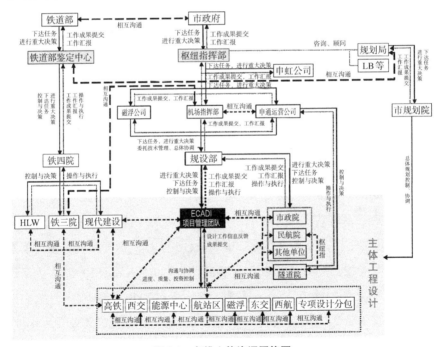

图6-1 多维立体沟通网络图

一个项目内涉及如此众多的建筑单体、服务如此众多旅客、内部功能之复杂、工程体量之庞大，在当时国内尚无先例。设计全过程必须兼顾各个业主的不同使用功能需求，通过协调和平衡来满足各个投资方的要求；也因为枢纽规模大、子项多，各单位的专业间也有方方面面的对接和协调，形成了千头万绪的沟通渠道。

作为本次枢纽核心区的总体协调单位，华东院的协调范围涵盖所有单体子项，其中包括铁三院设计的地铁西站、市政院设计的西交通广场等，总协调范围达到142万 m^2，涉及30多个专业、专项。

设计管理根据各单体的物理界面与系统界面，将各子项、各专业有穿插和交接的工作界面划分为3个技术协调和沟通管理层次（图6-2）。

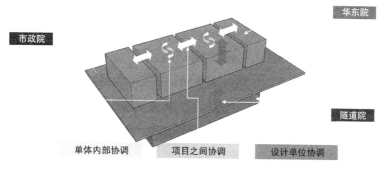

图6-2　沟通渠道分层图

设计单位协调：主要集中于华东院、市政院、隧道院之间设计范围管理和界面协调，做好成果会签和确认。

项目之间协调：主要包括航站楼、交通中心、磁浮、高铁，加强对设计风格的协调和统一、设计深度和品质的把控。

单体内部协调：主要为各设计工种之间提资完整性和准确性，提高工作效率。

虹桥综合交通枢纽项目共组织召开各种协调会议1057次。其中：设计联席会议14次，外部协调会议661次（其中与隧道院325次，市政总院184次，铁三院112次，其他相关单位40次），内部协调会议382次。通过上述会议的召开，协助业主方快速、高效地解决了项目过程中的技术协调难点和设计标准统一的问题。

概述

　　人是社会性的动物，以一种复杂的方式相互交往，尤其是在组织和项目这样的以人为主的环境中。不管在东方还是西方的管理文化中，都非常重视沟通的重要性：东方称之为"关系"，西方称之为"合作"。然而，在大量失败的工程经验总结中，却不难发现工程项目中的组织和团队频繁出现沟通问题、沟通障碍，这与企业管理文化中提到的视沟通为重点恰恰相反。

　　那么到底是什么导致项目沟通问题的频繁产生呢？通过总结可以得出沟通存在以下两个常见的误解。

　　沟通效果是否良好被认为是项目内人际关系是否良好的表现，沟通管理被简化为简单的思想教育工作、聚餐活动以及拓展活动。事实证明，频繁的聚餐和拓展并不能显著提高项目组织内的沟通效率和沟通结果的质量。

　　沟通管理常常被认为是项目经理的个人技能，而不是应该在整个项目团队中进行推广和执行的沟通技术及制度。由于在日常的工程经验里，项目经理往往都给人以熟练的语言大师或者心理学家的个人形象。有能力的项目经理通常会努力创造、维持良好的沟通环境和沟通效果。从而很容易让人误以为沟通只是项目经理应具备的"软实力"。忽略了团队中每个成员的沟通都会对项目起到推进作用。

　　产生上述误解的共同原因是，项目成员将沟通能力视为某种软性的个人能力，而没有将沟通管理视为一门专门的技术甚至学科。笔者从近20年的项目经验中得出，项目经理的沟通技巧在很大程度上取决于个人的性格及天赋，但项目组织内部的沟通效率和沟通效果是可以通过专门的技术和制度进行显著提升的。

6.1 "成功"是由干系人定义的

　　"历史是由胜利者书写"，而"项目的成功"是由项目干系人定义的。

成功的项目交付既包括管理有形的产出，其易于客观衡量的设计成果，又包括引导他人共同完成战略性的无形的产出。通常，判断一个项目整体上是否成功的标准有范围、时间、成本与质量。然而，更精确的衡量标准还应考虑项目完成后所产生的长期影响。

经验不足的管理者会一头埋进对项目战术层面的控制，而忽略战略性层面的工作。干系人管理属于战略层面的项目管理技术。良好的干系人管理能够帮助项目管理者准确识别、定义项目目标，引导项目走向成功。

项目干系人，是指积极参与项目、其行为能影响项目的计划与实施并且利益会受到项目执行或完成情况影响的个人或组织。项目干系人包括项目当事人、其行为能影响项目的计划与实施或者其利益受该项目影响（受益或受损）的个人和组织，还可能包括政府的有关部门、社区公众、项目用户、新闻媒体、市场中潜在的竞争对手和合作伙伴等；甚至项目班子成员的家属也应视为项目干系人。

在项目或阶段的早期就识别干系人，并分析他们的利益层次、个人期望、重要性和影响力，对项目成功非常重要。由于项目的规模、类型和复杂程度不尽相同，大多数项目会有形形色色且数量不等的干系人，应该定期审查和更新早期所做的初步分析。由于项目经理的时间有限，必须尽可能地有效利用分析报告，按干系人的利益、影响力和参与项目的程度对其进行分类，并注意到有些干系人可能在项目或者阶段较晚的时期才对项目产生影响。通过分类，项目经理就能够着重专注于那些与项目成功密切相关的重要关系。

6.1.1 谁是项目干系人？

项目干系人指积极参与项目实施，其利益可能受积极或消极影响的个人或组织[①]。常见的项目干系人包括：

---

① Olander S, Landin A. Evaluation of stakeholder influence in the implementation of construction projects[J]. International Journal of Project Management，2005，23（4）：321-328.

- **出资人**：在投资主体多元化的项目中，应尤其重视以现金或实物形式为项目提供经济资源的组织或个人的这一类项目干系人。因为成本由他们承担，所以他们非常关注从项目中所获得的产品。而且往往因为出资方包括了许多的内部利益群体，在大多数情况下，这些群体都有着不同的需求。对此类干系人进行识别与分析是一件极其复杂但又非常重要的工作。

- **高层管理者**：主要分为领导层和管理层。其中领导层并不直接参与项目建设过程，但是因为其在执行组织中的位置可以对项目进程施加积极或消极影响。管理层又可以分为决策层和执行层，都有直接参与项目建设过程的管理，但是决策层是对项目的各个关键性决策做出直接决策的个人或组织；执行层则负责对项目的各个关键性决策施加直接的影响。

- **政府机构**：是参与建设项目各个审批环节的政府部门或专业委员会。政府机构能在不同程度上影响组织活动，同时也受到组织活动的影响。在某些情况下，企业必须密切关注此类干系人群体所能施加的潜在影响。以国外的烟草企业为例，联邦政府可以通过法规和诉讼，大大限制烟草公司的活动和销售战略。

- **项目参与者**：直接参与项目建设进程的各参建个人或组织对于项目结果具有巨大的作用。大部分项目参与者都是自愿为项目服务的，并希望通过接受具有挑战性的任务，激励他们有效地工作。项目经理必须认识到项目的成功依赖于每个项目参与者的努力，因此，他们在许多方面都比其他干系人所带来的影响意义更为深远。

- **竞争对手**：是一个受到项目成功实施影响的干系人。在将竞争对手作为项目干系人群体进行评价时，项目经理应该尽力获取关于竞争对手项目状态的任何可获取的信息。此外，竞争对手在项目中所遇到的严重问题或者得到的显著教训，对于想开始类似项目的项目经理来说，是一个十分有价值的信息。

不同干系人的期望和目标往往差异极大，很难做到同时满足所有干系人的期望和需求。随之而来的困难就是要协调和制衡各个干系人。项目组织的特殊性和干系人行为的特殊性是紧紧相关的。项目干系人的所属企业、隶属关系、组织文化，甚至地域，可能都不尽相同。所以产生不同的利益需求是必然的，就连同一干系人的利益范围也可能会存在弹性区间。例如，就算都是企业员工，有些人的利益需求是薪资报酬，而有些人的利益需求则是实现自我价值，或是企业培训发展的机会。员工对生产和生活水平有了新的要求，随之而来的是而伴随着人力资源水平的提高。差异化较大的利益需求所带来的管理问题也同样很大。因为项目具备一次性和复杂性、多层次性这些特点，导致员工乃至顾客、供应商、承包商等不同干系人的利益要求也同样具备层次性、复杂性、多变性。由于项目组织的一次性、暂时性，项目的生产组织从组成到最终解体的过程中，项目工作人员从陌生、不适应到慢慢磨合最终成熟。项目组织可能会出现冲突、缺乏凝聚力、项目干系人行为离散、沟通协调困难等问题。所以，对干系人的利益按重要性程度排序，并通过不同的策略来管理是尤为重要的。

干系人的分析对企业的作用不言而喻，它能使企业承认对不同的干系人群体产生广泛的潜在影响的行为。例如，某企业做出一个关闭效率低下的制造厂的战略决定。从商业意义上来说是合理的，然而它也将可能引发一系列干系人的不满，包括来自本地工会、工人、受到关闭影响的社区领导者的抗议。同时企业也可能要面对政治、法律以及环境方面的问题。精明的经理在衡量他们战略决策可能带来的后果时，必须要考虑到干系人的反应。

现实中也同样会出现这样的矛盾情况：企业在陷入困境并且闲置和浪费了大量可利用的资源、设备、人才、资金等生产要素，而其他有活力的、有发展前景的企业，却要争取更多稀缺的增量资金并且花费时间来聚集各种资源。能够解决当前困境的较为直接、有效的途径便是让稀缺的资源流动起来，让项目干系人能够扩大合作范围，更有效地计划和安排项目。

6.1.2 项目干系人的识别

项目干系人分析是一个系统性地收集并分析定性和定量信息以判断项目实施过程中应该考虑哪些人利益的过程。项目干系人分析的第一步是对干系人进行优先级排序[①]。很多项目存在大量的干系人，以至于不能对每个干系人都花费很多时间，因此，对干系人划分优先级非常重要。虽然不能忽略任何一个项目干系人，干系人仍需要按重要性排序。综合分析每一个项目干系人的重要程度，对其进行优先级排序是十分有效的方式。可基于如下标准：

- 职权（权限）；
- 顾虑（利益）；
- 积极参与（利益）；
- 影响变更的能力（影响）；
- 直接影响的需要（紧急）；
- 适当地参与（合法性）。

许多项目团队会使用以上的若干条标准，每条标准可以根据实际情况分成1～3个等级，其中3代表最高优先级。必须在权限方面，能够发出关闭项目指令或者能够极大影响项目进程的干系人得3分，对项目影响不大的干系人得1分。其他方面都可以用同样的方法进行分析。将所有得分汇总形成一个总的优先级评分。表6-1所表示的就是干系人重要性排序的示例。

项目干系人识别与优先级矩阵　　　　　　　　表6-1

	项目干系人	项目干系人	项目干系人	项目干系人
职权				
利益				
影响				
效果				
紧急				
合法				
总计				
优先级				

---

① 周跃进.项目管理[M].北京：机械工业出版社，2007.

通过对干系人重要性的排序，来分析每个干系人的利益需求，项目经理才能够实行以下工作：

- 明确进一步的项目规划和实施的方向；
- 划分各个相互冲突的目标的优先级；
- 进行复杂的权衡，识别每一个干系人期望的结果；
- 制定和实施必要的决策；
- 建立共同的风险意识；
- 与客户建立紧密的联系；
- 建立同事、客户和供应商之间的授权模型；
- 以总公司和客户组织的优秀资源管理员的身份为项目提供服务。

6.1.3 项目干系人分析——识别关键干系人

接下来，项目团队应该挑出前10～15名项目干系人，在余下的计划中重点考虑。总得分最高的干系人通常被认为是项目的首要影响者。随着项目的进展，干系人对项目的影响会发生相对变化，项目经理和核心团队应定期审查项目干系人优先级清单，尤其是初始阶段项目目标尚不明确时。

项目团队还应该考虑到不同干系人的利益关系通常会相互冲突。例如，财会人员会担心超额的现金流，但是客户却希望项目尽早完工。此外，还应考虑到选择某项目是为了支持有助于判断项目干系人的相对重要程度的商业目标。在项目团队进行如下活动时，应该首先考虑高级别的项目干系人：

- 编制沟通计划；
- 确定项目范围；
- 识别威胁与机会；
- 确定质量标准；
- 划分成本、进度、范围和质量目标的优先级。

通常情况下，如果产生冲突，应该将外部付费客户和高层管理者视为最重要的项目干系人。在项目干系人优先级存在冲突时，发起人能够提供帮助。如果项目团队编制项目干系人识别和优先级矩阵时没有考虑项目发起人，那么现在就应该与项目发起人进行沟通，并要求反馈。在项目团队继续工作之前，如果发起人还想做一些变更，那这个时机再合适不过了。

6.2 沟通管理的本质——干系人管理

6.2.1 沟通管理的本质

项目的沟通管理是对项目信息和参与者需求进行梳理，并建立制度以满足各方信息需求的过程。随着现代信息技术的发展，沟通已变得前所未有的便捷，但是工程项目中由于沟通问题导致的工程进度、投资问题仍不时发生。在开展沟通计划编制之前，有必要先充分了解沟通管理的本质。

1.沟通管理是对项目信息进行梳理的过程

沟通是信息传递的过程，首先需要对信息进行梳理和分类。按照涉密的程度，可分为公开信息和涉密信息。项目的面积、高度、容积率、概算造价等技术经济指标属于公开信息，可通过媒体、网络等公开渠道进行查阅，而工程标底价、招标策略等商业机密属于涉密信息，仅限小范围掌握，应防止泄密。

按照层级不同，可分为管理信息和决策信息。前者包括项目每周或月度推进情况，资金使用情况，质量完成情况等，服务于日常的项目管理，后者指为项目的决策提供支撑的重要信息。并不是所有的管理信息都可以直接作为决策支撑，有时为了满足特定的决策信息需求，需要信息进行特殊的处理和分析。此外，按照信息维度，可分为造价信息、进度信息、质量信息、安全信息等，服务于不同的管理职能和管理目的。

2.沟通管理是对项目参与者信息需求进行梳理的过程

沟通也是与每一个项目参与者之间互动和交流的过程，而沟通管理必须对项目参与各方的需求进行梳理。沟通管理是建立在信息需求差异化的基础上，满足双方对信息需求的差异性是沟通管理工作的基本目标。这种差异体现了日常管理工作的方方面面，以一个建设指挥部架构的业主组织架构为例：

主管工程的副总指挥可能对工程质量、安全、工期方面的信息更为重视；主管合同采购的副总指挥可能更加偏重造价、招标、采购方面的信息；而具体的业主方项目经理的关注点则落在更加具体和贴近执行的层面。沟通管理就是要对上述不同个体的信息需求差异进行分析，并分类进行梳理。

3. 沟通管理的本质是对项目干系人的管理

建设项目的每一个参与者都有其独特的信息需求，但沟通管理的终极目标并不是要满足每一个项目参与者的信息需求，而是要保证项目关键干系人的信息需求能够得到满足，从而使其尽可能为项目结果施加积极影响而不是消极的影响。所以，成功的沟通管理，本质上是做好对项目关键干系人的管理。

沟通管理的一个重要目标就是争取使项目干系人对项目进行最大程度的支持。充分理解其各方面需求，特别地，满足其对于项目信息的特殊需求是取得项目关键干系人支持的关键手段。以往经验表明，干系人在缺乏其所需要的项目信息的情况下，往往会倾向于做出相对保守的决策，进而影响项目的进程。沟通良好并且信息传达到位，有助于项目关键干系人更好地支持管理工作。

6.2.2 如何保持良好的沟通管理

了解了沟通管理的本质以及终极目标，下面就来看一看如何满足项目关键干系人的沟通需求。由于项目干系人与项目之间存在利益关联，不同方面的项目干系人对于项目都存在着参与的需求。部分项目的关键干系人，由于其职务重要或是事务繁忙，无法亲力亲为地参与项目建设的每一个具体环节，但并不意味着其主观上不具有参与项目建设的意愿。干系人管理中的典型错误是：项目经理因为某高层领导事务繁忙，误以为该领导对于项目建设情况并不关心，并在一些项目的重要信息传递或者决策意见征询时忽略其意见。这往往会带来项目推进中不必要的矛盾和困难。以下是笔者结合以往项目经历所进行的经验总结：

1. 如何维持良好的干系人管理——核心是参与

项目干系人分别代表着各个项目参与单位的利益和诉求。项目建设的过程往往也是协调和平衡参建各方诉求的过程。同时，项目干系人作为自然人，对于信息存在固有的渴望以及对信息不对称的天然恐惧。因此，项目干系人对项目参与的需求不存在有与没有，只有参与度大或是小的区别。

通过上述分析，维持良好的干系人管理的关键是满足不同方面关键干系人的参与需求，这需要分析项目干系人的需求、兴趣，并建立与之相适应的沟通方法；在保证对项目结果存在积极影响的前提下，保证干系人以合适的时机、合理的频率参与项目。

2.如何进行沟通管理——关键是信息

在项目管理实际操作中，大多数项目关键干系人并不会直接参与项目建设操作层面的具体事务性工作。因此，这部分关键干系人对项目的参与需求主要以信息获取的形式存在。沟通管理的关键就是要通过建立一系列沟通制度、沟通计划和沟通方法，保证信息的准确、高效传递，便于项目关键干系人随时清楚项目的进展。

实践中的项目经理6-1

"精简"的优势

初来公司时还是一个职场新人，在适应了几个月的工作后，领导给他安排了一次单独的项目。作为职场菜鸟，他十分感激领导给予的这个机会，并暗暗发誓一定要好好完成这个项目。

在接下来的一个月时间，每个项目会议都不落下并且记录了厚厚一沓笔记，他把每次的信息整理成一个文档打印出来，跑上跑下地把信息传达给相关的部门。他心里想着自己整理了那么多的资料，肯定对每个部门都是有帮助的。但令他没想到的是，他传递的信息不仅没有给别的部门参与人带来帮助，反而被他们在自己领导面前说了坏话。

顿时感到很郁闷，他不知道自己哪里做错了，想了想这一个月的辛苦努力，感觉自己做了无用功，付出了时间和精力却没有得到其他人的赞同。

此时他的苦恼神情和一个月前斗志昂扬的他完全不一样，恰逢曾经让他帮过忙的前辈建筑师老赵经过，看到他的神情，于是好奇地询问发生

设计总包管理

了什么，他将事情告知了老赵，并希望老赵作为前辈能给他一点建议。

老赵听后一下子就反应过来其中的问题在哪里，建议说"你把所有的信息都整理出来这个做法当然是没有错的，但你有没有想过不同的部门要的信息是不一样的，你每次都把一大把资料丢给别的部门，对你自己来说你是做了很多努力，但是对别人来说你给的那么多信息都是累赘，有用的信息都被淹没在了信息的海洋里，增加了他们要从中筛选的工作量。"

他这才明白信息不是越多越好的，过量的信息是负担，只有把相关的信息挑选给相关干系人才能对项目造成积极的影响。

6.3 沟通管理的几个原则

上述对干系人的介绍及对沟通管理本质的剖析传递了这样一条信息：与项目管理的其他领域一样，沟通管理已从口号式的推广发展成一门有序、综合的独立学科。一直以来，沟通管理工作使用相应的管理技术，保持各干系人之间的信息传递，使项目信息能够更好地被共享。

现代大型化项目的投资主体多元化、参建单位背景的复杂化催化着沟通难度的持续升级。多年的项目经验告诉笔者，任何贯穿于建设工程全生命周期并涉及项目全要素的信息的阻塞或是负荷过载，都将严重影响项目的顺利进行。项目经理及项目团队务必牢牢遵守以下几条核心原则，进行抽丝剥茧、制定科学、全面的沟通管理计划。

6.3.1 信息按需分配原则

美国女企业家玛丽凯曾说："不善于倾听不同的声音是管理者最大的疏忽。"此言精炼地概括了沟通的两个基本面：有效倾听及需求采集[①]。建设项目沟通对象的多样化意味着不同对象对于沟通的需求存在明显的差异。各方有着共同的目标，但又需要考虑各自的利益；整体利益与个体

---

① 王万勇.项目经理沟通管理技巧与实务[M].北京：中国电力出版社，2015.

利益都存在的情况下，信息按需求分类显得尤为重要。下面，以项目采购环节为例，分析信息按需分配的关键因素。

首先，从参与采购过程的各方形成的组织架构着手。由业主方、供应商、监理单位、分包单位及政府各监督部门组成的繁杂信息关系网将承包商推向了信息流的中心。该系统的沟通需求集合了所有干系人信息需求，需要结合所需信息的类型和格式以及信息的数值分析来定义。可以肯定的是，即便是八面玲珑的承包商也未必能将此环节的信息沟通处理得游刃有余。现就各方信息需求剖析如下：

1.业主方的信息需求

作为建设项目的投资方，业主的信息诉求势必成为信息需求收集的首要关注点。在招标阶段，参与比选的供应商提供的设备、材料的基本信息如型号、成本、有效期、维护费用及供应商的资质、市场口碑等信息，现场看样反馈报告，设备监造过程日常抽检报告，催缴过程进展报告，现场交验货检验过程中的检测报告，施工过程中材料的使用情况等都是业主的重点信息需求。

2.供应商的信息需求

在招标阶段，与供应商准确交代相应产品的型号、材料、样式、数量，这都将成为影响后期项目能否顺利推进的驱动力。为此，详细的招标文件、报价邀请书及询价文件不可或缺。在配合生产过程中，提供里程碑中明确交付的日期事关项目整体进度的把控。需要注意的是，对于重点项目设备材料的交付进度，如何确定交付日期、确保后期施工不拖延，是一项艰巨的任务。项目团队材料按需求供应，但考虑到库存成本和折损情况等，资源的供应过于提前也是不可取的。为了平衡材料供应推迟带来的影响和材料提早供应所产生的成本，与供应商沟通并确定材料供应的关键节点就显得尤为重要。

3.监理单位的信息需求

监理部门作为项目团队之外的重要组成代表了业主方的利益。监理部门需要了解什么时候将人员分配到项目中，同时，需要及时把控材料相关的型号、材质等基本信息审核是否符合工程质量验收标准、监造过程中的月报、检验联络会记录、出厂验收记录、日常驻场监造周报等材料，了解制造实时动态信息，及时发现和处理问题。

4.项目团队内部的信息需求

在采购环节中，各个职能部门往往需要在多个项目环境中应用有限资源的管理决策，基于材料等资源的分配问题自然也就成为项目团队之间最为常见的沟通内容。在此过程中各方就以下信息进行深入讨论：①并发和非并发项目的多资源需求；②哪些项目拥有该种材料需求；③项目的优先权；④项目所需资源的可替代性；⑤项目资源投入的收益比等。

5.施工单位的信息需求

为确保工程顺利推进，在提请施工采购信息前期，施工单位应充分了解工程体量、单体功能及技术要求等方面信息，以便对材料的选型及数量的判断失误率降到最低。

6.交运与政府的信息需求

与交运部门沟通过程中，应提前准备设备材料的型号信息，以及是否超限、是否有特殊运输要求、报关、商检及保险等相关信息。质量至上的巨大监管压力下，政府部门只有在获得有关审批材料的基本性能、用途等详细的送审资料后，方可下发许可指令。

纵观以上分析，参与者扮演的不同角色决定了其关注的信息点的差异。在采购沟通环节中，将"投其所好，按需分配"理念充分贯彻于实践工作中的承包商，往往会得到意想不到的收获（图6-3）。

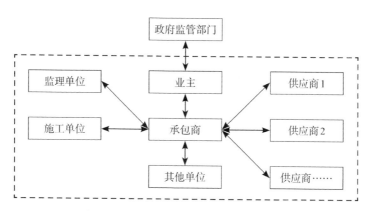

图6-3 项目中各参与方之间的信息关系图

此外，考虑到大型项目的周期长、材料性能要求高等特征，业主方提出的采购变更情况会时有发生。从项目全局出发，有经验的承包商会与业主代表之间进行及时的沟通，快速传递相关资料信息，跟进相关计划、更新工作进程，使采购和其他阶段的工作进行有效交接。作为管理方，在此过程中，重新与客户回顾项目的进展，及时评估业主的需求和潜在变更。利用这一交接过程，项目团队和业主都会比较清楚地知道变更对于后期工程的质量、进度、成本等目标控制的影响。需要让业主意识到这项措施的好处，才能满足项目团队的信息提供需求。

6.3.2 沟通渠道分级原则

传递给不同管理层次的干系人的信息深度存在明显差异，设立与之相匹配的沟通渠道为缓解这一现状提供了良好思路。以工程质量方面的信息为例，项目的投资方代表和业主单位的工程质量主管需要的信息深度可能完全不一样。不同类别的信息混淆在同一沟通渠道上，信息的重复输入、冗余杂乱等都会影响信息传递的及时性和有效性。但是，管理者过滤信息过程中太过主观，接收的信息难免会与事实相悖。针对上述信息需求上的差异，管理者制定沟通管理方法过程中的一个重要依据就是沟通渠道分级原则。

信息作为沟通管理渠道划分所需的知识储备，理清其流向类别有助于项目经理及团队制定层级鲜明的沟通渠道。通常，依据项目的组织架构进行沟通渠道的划分，使沟通信息按划分好的渠道流向进行传播。传统信息流向主要分为下行沟通和上行沟通，随着工程项目管理理念的引进及矩阵式组织架构的广泛应用，横向沟通及斜向沟通应用日益广泛。

下行沟通为自上而下的沟通，指管理者将政策、目标、制度、方法等信息传达给下属员工的同时管理者也需要从下属员工处获取项目即时信息、相关工作进展和出现的问题，该过程即完成了信息的上行传递和下行沟通。它使管理者不仅能传递有效信息给下属也能从与下属的沟通中获得项目信息及下属员工对项目的看法。

大型项目建设环境的复杂性促进了组织内外横向及斜向动态交流。

横向沟通可以成为平行沟通，是指同级人员之间的沟通过程。斜向沟通则是指跨工作部门甚至跨越层级的沟通。

划分渠道的重要性

经过了上次的教训，明白了信息分类给不同部门的重要性，他现在每次开好会都把收集的资料按工程、设计、合同等不同内容分好类再传达给相关部门。他想着这次应该不会有什么问题了，别的部门也应该能看到这段时间他所做的努力了。

但是令他没想到的是别的部门的员工对他现在提供的资料很是感谢，但不同部门的项目领导对他的态度依旧是不咸不淡的，他对此很是不解，自己已经按照老赵的建议改正了，还有哪些做得不够好的地方呢？

他带着这个困惑再次去请教老赵。老赵听后了然道："看来你还是没有明白沟通的本质。给不同部门的人是一种信息分类的方法，那么给不同级别的人也同样是一种信息分类。你给员工的信息自然是越全越好，因为他们需要足够多的信息去完成项目，你给他们详细的信息他们当然会感激你。但当给领导信息时，你就要明白领导并不是做具体事情的人，他是做项目规划的人，他要从你这听来的不是一个项目你具体如何操作完成的，而是你在这一阶段的目标是什么，完成了什么成果，获得了什么成就。"

他恍然大悟，原来不仅部门之间是要进行分类，对待不同等级层面的人，沟通的信息也是要进行区分的，他的工作就是要将原来庞大的信息流分类归纳、分级剔除，最后把经过加工好的信息传达给相应的人群。

6.4 沟通管理计划——让信息传递的天堑变通途

设计项目管理是一个动态的管理过程，业主会随着工作的深入，追加设计要求或者对工作范围有所调整，这导致了合同执行的难度也随之增加，其中涉及专项设计分包的部分管理者需要通过与业主和专项设计单位的协调、沟通、解释来进一步明确合同范围。这样才能保证在规定时间内，完成合同义务。所以，信息沟通工作和技术协调工作对项目管理工作十分关键。

除了进度和质量之外，设计项目管理还将承担全面的协调和管理职责，因为在面对众多的业主部门、不同的政府主管部门，以及多个设计团队时，管理者必然将面对极为庞大的沟通工作去处理。

针对以上情况，笔者认为必须要通过统一的信息源，对沟通信息进行梳理，形成较为清晰的渠道，来加快信息流通的速度。因此，在项目中引入沟通管理计划对项目的运作是十分必要的，它是一种有效的协调机制，也是解决问题的最基本条件。

6.4.1 信息流转的关键渠道——建立沟通地图

1.沟通渠道的建立和维护

在整个项目设计过程中，要想建立沟通渠道，管理者应保持与业主的充分沟通，随时了解业主对项目的需求，通过反馈、沟通和协调，推进项目的正常进展，并且在项目进行中通过月报定期向业主报告项目设计的进展及管理情况，及时发现问题并反馈业主，获得业主对于管理方的信任，以此来维护沟通渠道的运行。

建立沟通渠道的首要步骤就是需要管理者协助业主建立和明确简化的沟通机制，为沟通信息建立统一的出口。在项目建设过程中，管理者应保证参与本项目的相关各方的沟通渠道顺利，使他们充分理解业主方的设计需求。例如：管理者需要为专项设计团队提供联系人名单并整理至《项目通讯录》；设计各方积极参与业主聘请的咨询公司的讨论，各类顾问的意见应经业主决策后形成书面文件作为设计依据；管理者要协调新增管理单位、团队人员变动或人员信息变动，需发电子邮件通知管理团队，并抄送业主分管部门，获业主认可后，管理团队负责对《项目通讯录》进行更新，并发送业主。通讯录每3个月更新一次。

2.沟通网络的建立

项目进展逐步深入后，管理者与业主的沟通、与其他设计单位的协作逐渐增加。在进入施工图设计阶段后，还会增加更多的合作单位，包括专项设计单位、施工单位等，原本平面化的简单问题会因此变成纵横交错的复杂沟通问题。一套简洁可行的网络化、流程化沟通机制有助于简化沟通程序、提高沟通效果。建立沟通网络并根据项目实施推进情况及时调整构架，在沟通网络体现业主方、各相关单位和部门以及各设计方之间的沟通关系（图6-4）。

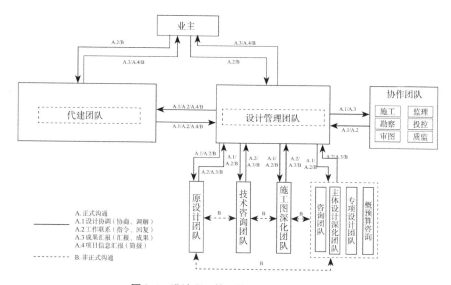

图6-4　设计项目管理的沟通渠道汇总表

6.4.2 常用沟通方式

1.正式沟通和非正式沟通

正式沟通是各参与方通过项目组织明文规定的渠道进行信息传递和交流的方式，如组织规定的汇报制度、例会制度、报告制度及组织与其他组织的公函来往。其优点是沟通效果好，缺点是沟通速度慢[①]。

非正式沟通是在正式沟通外进行的信息传递和交流，如电话、微信

[①] 周建国.工程项目管理[M].北京：中国电力出版社，2006.

等方式，其优点是沟通方便、速度快，缺点是容易遗漏。

根据笔者多年的设计管理沟通经验，设计项目管理的正式沟通渠道和非正式沟通渠道如表6-2所示。

沟通网络示意图　　　　　　　　　　　　　　表6-2

渠道	正式沟通				非正式沟通
方式	设计协调	工作联系	成果汇报	信息汇报	非正式交流
性质	协商调解	指令回复	成果提交	信息汇总	通知协商
成果/媒介	工作联系单 变更审核单 会议纪要单 技术联系单	工作联系单	会议纪要单 成果出图单 文件签收表	简报	电话 短信 邮件 非正式会谈

2.单向沟通和双向沟通

单向沟通是指一方只是发送信息，另一方只是接收信息，信息是单向传递的，其特点是传递速度快但准确性差。双向沟通是指发送者和接收者两者之间的位置不断交换，且发送者是以协商和讨论的姿态面对接收者，信息发出以后还需及时听取反馈意见，必要时双方可进行多次重复商谈，直到双方共同明确和满意为止，其特点是沟通信息准确性高，有利于意见反馈、沟通双方平等。

根据笔者多年的设计管理沟通经验，设计项目管理的沟通层次、对象及类型如表6-3所示。

设计项目管理的沟通层次、对象和类型　　　　　　表6-3

序号	沟通层次	沟通对象	沟通类型（发出/接受）
1	决策层	业主	发出：指令 接受：成果汇报、信息汇报
2	管理层	设计管理团队	发出：（向下）指令、设计协调 发出：（向上）成果汇报、信息汇报 接受：指令、设计协调、成果汇报
3	执行层	咨询团队 主体设计深化团队 专项设计团队 概预算咨询团队	发出：成果汇报、协调需求 接受：指令、设计协调

6.4.3 如何开展会议管理

会议是项目参与者各方进行沟通的有效方式，通过会议的开展，承包方可以和业主明确项目需求、告知项目进展、接收项目更改要求。会议的作用在一个项目中是很重要的，不仅仅是一种形式上的人员聚集，更是项目参与人之间信息的流通。管理者需要做的不仅是组织会议，更重要的是管理会议的内容和进程。

1.会议类型

设计工作中推进较多的日常会议包括工作营、设计例会、专项协调会以及成果汇报会等。

● **工作营**：主要是指在项目方案设计阶段，根据项目安排和业主需求，结合设计例会召集工作营，集中讨论问题，特别是需要业主决策的问题。

● **设计例会**：承包方主要是根据项目进展和业主需求，定期召开一次设计例会，内容包括管理层面和技术层面。在设计例会中及时检查主体设计和专项设计的工作界定及划分，对设计盲区及时反馈，通过沟通与协调落实设计责任方。确保业主方和项目主体设计团队之间以及各分包单位之间的信息平等。并通过设计例会解决项目推进过程中发生的设计问题，尤其是需要业主决策的问题。

● **专项设计协调会**：需由业主或主体设计单位项目负责人发起，就某项议题进行专项协调。

● **成果汇报会**：即在重要设计成果提交前，向业主进行汇报，并根据意见和建议对成果进行调整和优化。

2.会议组织

会议组织主要是会议安排、会前准备和会中组织等工作，目的是提高会议效率，集中解决问题。其中贯穿的组织链主要为议题征询、议题讨论、会议记录。

● **会议安排**：设计管理团队根据设计工作包、业主一周工作安排，以及各子项、各专业临时提出的会议需求，于每周五初步排定会议计划表，并在次周周一形成《一周会议安排》。

● **会前准备**：设计管理团队应在会议召开前一周内或者提前与业主及拟参会的各方沟通，提前确定会议议程，将各设计单位以及业主需要确认的内容逐条列出，制作"议题征询单"，并通知参会人员会议地址及时间。对于会涉及重大设计变更的事项，要制作"设计协调单"。

● **会中组织**：根据会议情况，可选择采取当面开会形式，也可以采取视频会议形式。与会人员需在"会议签到表"上签字确认出席；每次会议开始要对上次会议的成果进行回顾，对确定的事项进行销项；会议召开时依据征询单问题逐条进行讨论，根据讨论结果进行结论的落定，并拟入会议纪要。

3.会后记录

设计例会由设计管理团队负责整理例会会议纪要，形成"会议纪要单"，经业主方确认后分送各参会方；专项协调会主要由专项设计单位负责汇总各方意见并整理会议纪要，形成"会议纪要单"，经业主方确认后分送各参会方。根据会议决策，以及会议纪要中记录的各项内容的落实方、进度等要求，对相关会议结果进行跟踪落实、监督执行并及时反馈信息给相关单位。

6.4.4 提资管理

1.内部提资

设计管理团队根据设计工作分包跟踪各专业提资节点完成情况，检查提资与反提资的及时性与完整性。内部提资基于网络协同平台由各专业自行完成，并以提资邮件形式发各相关专业。

2.外部提资

外部资料交换工作由设计管理团队统一归集，以项目组公共邮箱为提资平台及交换存档空间。

● **对外提资**：提资专业将提资内容整理汇总后，由设计管理团队发送给相关设计单位和外部单位对口联系人邮箱，同时抄送项目平台邮箱，并以传真、电话、短信形式进行提醒与确认。

● **外部收资**：各相关设计单位提资的电子文件除发送给设计管理团

队对口联系人邮箱之外，还需要同时抄送平台邮箱，并以传真、电话、短信形式进行提醒与确认。收到外部资料后，设计管理团队负责下载文档、存放于网络协同平台、资料交换、文件夹中，并以邮件形式通知院内各相关专业进行查收。

6.5 沟通的新发展——现代信息技术

工程项目中参与方众多，利益相关者之间又存在相互影响且关系复杂，各参与方目标期望及对工程项目的影响均不相同，而这些都直接影响到组织沟通的有效性，组织沟通是否有效会关乎很多其他问题，据有关调查表明，组织管理问题中有七成是沟通导致的。沟通管理的目的就是增加沟通的有效性，提高沟通的效率和效果。成功的沟通管理需要适当的信息技术应用和有效的组织结构。

工程项目发生了新的变化，而信息沟通管理并没有与时俱进，或者没有形成相应的匹配变化。工程项目的组织规模膨胀导致采用旧的信息沟通方法产生了信息传达效率低下、信息传达不及时、信息内容不够全面等问题，再加上几何式增长的工程信息量，也暴露信息流失、重复冗余等问题，工程项目人员和工程项目合同的复杂化使得工程建设阶段出现很多衍生信息。这些种种的现状，足以说明原有沟通模式和方法难以适应新的要求。

现代信息技术作为当代社会最具活力的生产力要素，其广泛应用所引发的信息化和全球化浪潮正在迅速地改变着工程建设项目管理的面貌。现代信息技术使得现代工程建设项目管理组织趋于"扁平化"，它衍生出项目总控、基于因特网的项目管理、虚拟建设等新的工程建设项目管理理论。现代信息技术在工程建设项目管理中的应用直接改变了工程建设项目管理的手段，工程建设项目信息系统解决了工程管理中信息的收集、处理和存储问题，基于网络平台的工程建设项目管理信息平台将成为工程建设项目管理的主要手段。

工程建设项目信息的集成是解决其信息问题的根本途径，而运用计算机技术和信息技术，建立工程建设项目管理信息平台，提高工程建设项目的集成度，则是实现工程建设项目信息集成的主要途径。

工程建设项目管理信息平台作为项目管理系统的一个子系统而存在，其目的是通过信息技术的应用，收集工程建设项目管理信息，为管理单位和各参与方提供相应的服务信息，它是电子商务技术在工程建设项目实施中应用的具体表现。它不仅仅是一种技术工具和手段，而是工程建设项目在信息时代的一个重大的组织变革，国际学术界和工程界认为它是工程建设项目管理的一场革命。在建设领域，我国与发达国家的"数字鸿沟"主要反映在信息化技术在工程管理应用的理念上，同样也反映在有关的知识管理以及技术的应用等方面。

BIM作为一种新兴的信息技术，属于重要的沟通因素，可以组织结构及组织沟通进行有效性分析。BIM的信息集成性、统一性、海量性、共享性、相关性等等特性都决定了其可以很好地处理工程项目信息，保证信息的传播效率与传播效果。BIM技术主要有以下几点应用优势[①]。

1.包含工程项目全生命周期的所有信息

BIM承载着工程项目的所有信息，并且在工程项目生命周期内不断更新，向每一个参与进来的人或组织，讲述工程项目的过去、现在以及未来。组织沟通有效性就正如一个故事讲述的完整性、生动性、满意性。有效的组织沟通，让听故事的人或群组都非常满意，并产生共鸣与互动。同样，不是有效地组织沟通，就无法保证每个听故事的人或群组都满意，甚至中场冲突或离场等情况都有可能发生。BIM可以作为工程项目的DNA来看待，他携带着工程项目的全部信息，包括未来的基本样子，工程项目管理者可以利用他来向其他人讲述工程项目的完美故事，同样可以对内部管理者提供一个方向、一个明确的目标。

2.实现信息管理，有效协调沟通

BIM技术的信息管理，与传统的项目信息管理截然不同，工程项目可以对各阶段、各控制指标、各专业、各工程项目进行信息的集成化管

设计总包管理

---

① Clark A Campbell. The one page project manager for IT projects : communicate and manage any project with a single sheet of paper[M]. John Wiley & Sons，2008.

142

理，并且这种信息集成化管理更具有多元性、全面性的特点，不仅协调工程项目的系统目标，还充分整合了工程项目的内外部资源，使得信息流网络能够环环相扣。同时还可以跟踪工程项目的全部阶段信息，并且将信息进行整合，利用信息自身协同性，避免了信息孤岛的问题，并且由于对工程项目所有阶段的信息都进行跟踪管理，可以在项目维护阶段有需求时随时查阅信息。BIM信息管理技术在工程项目的整个生命周期都可以适用，可以说是工程数据在进行集成、拓展的基础上还能灵活使用的过程，它服务于建筑生命周期信息管理。

3. 使用集成平台保证信息实时更新

BIM技术将建筑物全生命周期的建设施工、管理信息、整理和完善，最终完善了工程项目的数据库、信息库、知识库。在工程项目开发的任何时间段，各参与方都可以通过信息平台查阅工程项目的整个进度、质量、成本等信息，从而站在一个全信息的角度对工程项目的实施提出更为合理的建议，去完善和补充工程项目的目标。使用BIM技术的建设工程项目，在工程的规划阶段、设计阶段、施工阶段及运营阶段都会进行信息的收集和汇总。在项目的每个建设阶段，信息收集需求都会有不同的重点，可以通过BIM子模型来实现这一差异化需求，定义每个阶段并建立面向特定阶段应用的子模型，进行具体的操作应用。

第7章

敏捷管理：设计项目管理的新思维

概述

我国加入WTO后，经济及发展又上升到了新的高度，设计项目管理进入了新的阶段，设计管理与工程质量是密切相关的，加强事前控制，直面工程质量风险，项目才能顺利完成。

设计项目管理的理论基础来源于PMBOK最初的九大知识领域，经过一段时间的实践和经验总结后最终形成了"三控制+两管理"的设计管理核心模块。在过去的几年中，项目实践已经证实了设计项目管理为中国的工程项目建设带来了强大的生命力。为了保持设计项目管理的新鲜与活力，笔者一直保持对国际项目管理理论发展的持续关注，并致力于新鲜理论观点与中国设计项目管理实践的密切结合。敏捷管理，就是笔者所在团队在设计项目管理方面的最新实践。

传统建设工程项目管理理论都是建立在项目的目标是确定的这个假设之上。围绕这个确定的目标，行业内制定了进度、工程质量、造价控制等一系列完整的理论和技术手段。而在现实中业主的需求和目标是随着市场变化的，这就造成了理论假设是不成立的，不确定的目标会给传统项目管理造成巨大的时间和资金投资影响。就是在这一背景下，将敏捷管理概念由IT行业的敏捷开发代入设计管理项目方法中应用，给予项目管理在面对不可预料的变化时有更高的灵活性和适应性。

7.1 为什么需要敏捷管理——以"复杂系统"为背景

当市场发展到一定阶段时，影响项目管理的因素就变得复杂而多变起来，对于管理者来说，项目的发展朝着未知和不确定的方向发展，这种认知能力的不足造成了管理者对于项目的未来进展处于一个被动认知阶段，这也就是"复杂系统"背景产生的原因。市场和需求的瞬息万变，技术的更新淘汰，制度的逐渐规范，这些外部环境因素都在时刻影响着管理，而对于内部而言，目标本身的不确定性和难以评估性使具有复杂系统性质的管理更加难以把握。在这种情况下，敏捷管理的运用能通过快速适应和学习反馈的特性来消除未知和不确定，对环境系统有一个更好的理解[①]。

7.1.1 项目外部环境变化

建筑行业是社会发展的重要组成部分。改革开放后中国经济建设的快速发展，影响着国内建筑业的发展。城市基建工程的完善和商务综合性中心、超高层建筑的需求使得建筑行业有了一个由浅入深的全方位进步。技术、制度和规范对建筑的影响是方方面面的。

1.市场、技术的更新影响了建筑业的发展

随着经济建设的发展和人们生活水平的提高，当代建筑市场出现了大量在建筑功能上的新需求，比如城市综合体的建设、轨道交通网络的铺设以及一些新型宗教建筑的建造等。整个市场环境呈现出多元化的趋势，这也要求建筑设计行业需要更新自身的管理模式，适应新的市场竞争。

同时，随着对可持续发展的需求以及环境保护的考虑，原本作为重大污染源的建筑业，也迫切需要改变自身的发展模式，从技术上适应时代。传统的高能耗、高污染的建筑技术不断被淘汰，取而代之的是节能、供热计量的改造，如技术上要求推广太阳能光伏板，材料上要求绿色新型材料，结构上要求钢结构建筑推广。

---

① 杰夫·萨瑟兰著.敏捷革命[M].蒋宗强译.北京：中信出版社，2017.

2.制度规定规范了建筑业的发展

在建筑行业不断发展的同时，许多方面也产生了若干问题，比如经济效益、环境效益、安全问题、行政规范等。为了追求一种有序的发展模式，国家制定了一系列有关建筑设计、施工建造方面的法律法规以及标准规范，并不断根据现实情况的发展修改、完善，来保证建筑行业始终能够健康发展。

比如说，在面对消防防火方面的管制日益严格的情况下，住房和城乡建设部推出了《建筑设计防火规范》GB 50016—2014，完善了高层建筑和商业中心防火技术要求，对卷帘门做了明确的要求，禁止使用钢制卷帘门，因为它虽能隔火但不能隔热，无机布卷帘门便成为一个更好的选择，但是无机布卷帘门在面对无柱的中庭建筑时由于没有导轨可能无法完好下落和升起。所以在这些消防管制下，无柱的中庭结构建筑不再被允许建造。

对设计管理来说，有些制度规程是必须要遵守的，严格把控设计规范，同时需要时刻留意政策、制度上发生的变化，对自身的工作作出调整。

7.1.2 项目内部目标的不确定性

项目的目标不仅仅是一个项目在合同上拟定的时间进度和投资资金，它还包括成本控制、质量控制、范围控制、安全控制和盈利所得。但是大型工程项目往往具有需求期望多样化、工期长、技术创新性强等特点，对于项目的发展缺乏可预见性，因此想要在前期精确地、数据化地确定项目的目标是难以实现的。

1.项目目标的多元性

对于一个项目来说，其目标不可能是单一的，通常一个项目的实施涵盖着多个目标的共同实现，来满足多方面的需求。但是目标与目标之间的实现并不是齐头并进的，通常是相互牵制，甚至是存在冲突的，实施项目的过程就是在目标之间进行协调，尽可能保证项目的整体发展。对于建筑业的目标来说，最基础的3个目标就是：时间、成本和质量。这3个目标本身是相互制约和冲突的，当业主需要项目质量得到提升或者缩减项目时间加快项目进度时，不可避免的项目成本就会增加。这3个基本目标之间的提升或减少都会互相影响，因此对于一个项目而言其目标往往是一个多元化的整体考虑。

2.前期可行性研究报告的不实用性

可行性研究报告是在投资项目前，事先评估项目的经济性、技术性、社会性和法律性。通过报告可以预估项目的成功与否、经济效益和成本等，为项目投资者做一个科学的事前评估。但是我国大型工程前期项目可行性研究报告基本都只注重必要性、可行性等研究，很少对功能及运营需求进行研究。比如，可行性研究报告中即使存在功能面积表等数据，但大多仅仅流于形式，与实际使用需求偏差较大。可以说，我国在大型建设工程建筑策划方面的研究水平，远未达到国际先进。这实际为项目后续推进埋藏下不少隐患。

实践中的项目经理7-1

经验带来的"坏处"

单位在国外接了一个项目，对这个项目领导十分重视，于是将经验丰富的他派往项目所在地，协助项目的总负责人进行管理工作。正所谓"熟能生巧"，他在国内多年的项目管理经验使得他对于项目的前期工作十分得心应手，不出几天就将项目负责人需要的项目流程图和进度节点编制出来并交给负责人先审查一遍。项目负责人看到他做事速度如此迅速心里不禁感叹不愧是经验丰富的项目经理，但是当他仔细地阅读了一遍文件后，迅速发现了"经验丰富"带来的坏处。负责人向他说道："你这个流程图的设计对于国内来说很不错，但是你有没有想过国内国外的项目管理是不一样的，当地的报审流程和当地业主对于运营功能和方案的确认习惯和国内是有区别的，你这份进度计划恐怕是不适合国外的项目设计。"

听了这番话他不禁脸一红，其实在编制的时候他也发现了这个问题，但是仗着自己对于项目进度编制的胸有成竹，他就没有深究这个问题，此时听了负责人这一番话，他才意识到这些他下意识忽略的问题会给整个项目的进展带来多大影响。不考虑项目的外部因素变化而一味地运用自己的

"经验"来管理项目会给项目带来不可逆的风险。

7.2 大型建设工程的复杂性和现实性

大型建设工程由于其创新性，缺少成熟经验作为参照，复杂性和技术风险都较高，确实会在项目启动之初难以定义目标。对于这一类复杂系统为背景的项目，敏捷管理概念的引入可以更好地管理和减少风险。

7.2.1 大型建设工程的管理风险

大型建设项目是一个综合性活动，结合了社会、法律、经济、技术等各方面要素。大型建设工程的项目投资具有不可逆性，通常一个项目从开发到完工需要几年时间，不可避免地会遇到建设活动投入大、生产周期长、不确定因素多、施工条件可控性弱等问题。一般而言，项目的规划和发展都是建立在预测的基础上，通过建立模型作为预测依据，但是大型工程项目往往难以建立一种模型去模拟其真实发展情况，这自然会造成预测与现实之间发生偏差，从而产生风险。大型建设项目风险是不可避免的且影响巨大的，通常涉及人力资源、资金投资和物资调配的复杂状况，一旦管理者不能及时认清项目进行中可能存在的问题，将会给项目造成潜在的高概率、高危害性的风险，造成重大损失。

7.2.2 大型建设工程的规模扩大化

中国经历了改革开放和经济高度发展，逐渐进入现代城市化，中国人口也逐渐由农村转向城市，由三、四线城市向一、二线城市转移，大量人口涌入城市造成了城市人口呈现爆炸式增长，尤其是如北京、上海的一线城市，人口增长城市的土地面积却是不变的，这势必会造成城市空间紧缺的问题。而高层建筑就是在这一前提下更加频繁、高效地介入城市社会。

随着技术提升和对高层建筑的需求不断扩大，高层建筑在不断从高度、结构和规模上突破原来十几年的状态。目前，国内的最高建筑是

2013年竣工位于上海陆家嘴的上海中心大厦，高度为632m。而在它周围是其他两幢曾经的最高楼，分别是于2008年竣工上海环球金融中心（492m）和于1999年竣工金茂大厦（420.5m）。三幢紧邻的高层建筑都曾代表了一个时代的高度。这也像是如今国内建筑的缩影——大型建设项目的高度和规模正在变得越来越庞大。

而从结构上来说，近几年矩形和方形的简单几何结构建筑的数量正在减少，技术的创新使得建筑结构在向更加多元化和现代化的方向发展，如三角形平面、弧形平面、圆形和椭圆形平面及其他复杂平面的应用。

这些复杂的综合性高层建筑正是大型建筑规模化的代表，生活的进步和技术的改进都在促使建筑业向更高一个层面发展，由简单、规模小向复杂、大规模发展，规模的变化也使得建造处于一个更加复杂的背景之下。

7.2.3 大型建设工程的国际化问题

中国的建设工程经过一段时间的快速发展后，建筑业伴随着经济发展和完整的产业链已经领先于其他发展中国家的建设水平。

2015年推出的"一带一路"倡议促进国内的项目建设团队帮助周边发展中国家建设基础设施，向发展中国家伸以援手。然而建设项目的内容不仅仅只是规划和建造，不同的国情使得建设项目所受到的影响是多方面的，经济、文化、语言、沟通、协作、宗教都是在异国建设可能碰到的问题。比如，在宗教国家建设时，要考虑到他们的宗教习俗，无论是房屋的构建还是交流礼节都不能冒犯到对方；在欠发达国家建造时，要考虑到当地的整体经济发展水平，建造实用且后续保养费用不高的建筑，使当地能运用节能省电的技术帮助他们发展；在环境不好、交通运输差的国家，建造材料的运输与日常生活的保证要与当地有关部门充分沟通好。这些问题如果不能及时解决，将会对项目的进展和资源投入产生很大的风险，而这些潜在风险如果不能及时更正并调控将会对项目造成巨大损失。

7.2.4 目标的变与不变

敏捷管理起源于IT行业，其提供了一种新的管理思维，即快速应对

和变化 ①。在该思维的指引下，流程不再是重点，设计管理的目标并不是为了单纯获得图纸、设计文件及其他附加服务，而是为了获得在这种高智力服务中所传递的价值。处于上述"复杂环境"影响下的建设工程，对于业主方来说，变的是对于项目目标的准确描述，不变的是通过项目所获得的"增值"。在上述管理思维下，可以尝试在设计单位与业主间建立一种新型的合作关系，共同面对项目的不确定风险。在此基础上，一些特定技术和手段也能够被应用于敏捷型的设计管理中。

7.3 敏捷管理的价值取向

7.3.1 敏捷管理的要素

敏捷管理的概念来源于软件开发，它是为适应当今时代的快速变化而产生的，它摒弃了传统管理方式的局限性，通过自身强大的适应能力、沟通能力、快速交付能力和学习能力，满足了市场和业主需求的多变性。敏捷管理的价值取向是注重于以人的价值为导向，而不是传统管理方式的以流程为主导 ②。

1.客户协作——目标是价值的传递

客户满意度是衡量产品开发质量的重要指标，与客户进行合同谈判是传统开发管理理念的主旋律。双方在合同签订时将资源配置和时间进度明确规定，按计划的进度给客户提供产品成果。然而，长期的实践表明，强调通过契约式的谈判往往容易割裂项目开发人员与客户之间的关系。客户对于自己需求的改变和开发人员对于频繁变动目标的不适应造成了两者之间的矛盾和隔阂。在这个前提下，敏捷管理提倡双方在产品管理和开发中应密切合作。在价值驱动观念下，开发团队根据有限的资源与时间，协助

---

① Pichler R. Agile product management with scrum : creating products that customers love (adobe reader)[M]. Addison-Wesley Professional，2010.

② （美）杰克·R.梅雷迪思（Jack R.Meredith），小塞缪尔·J.曼特尔（Samuel J.Mantel.Jr.）著.项目管理：管理新视角 [M].第 7 版.戚安邦译.北京：中国人民大学出版社，2011.

客户一同探索需求，通过不断地迭代以交付更具特色的产品。与客户及时传递项目信息，来确定和应对可能产生的风险，将项目的潜在损失降到最小化。后续的跟进和信息传递也是项目开发商的重要责任。同时，客户更注重从业务需求角度看待工作，并在价值、质量和约束条件之间做权衡。

2.个体之间的交互沟通

敏捷管理与传统管理的最大不同就是核心价值观的区别，传统管理着重流程，敏捷管理则在简化了传统管理流程的基础上强调了以人为核心的管理方式，将开发者本身作为开发过程中的一部分。敏捷管理将实施人员划分为敏捷团队，每个成员都是团队中的核心，当项目遇到变化时，个体的技能和经验能在不同方面给予帮助，而这个时候，内部的有效沟通互动就尤为关键，客户、开发人员、管理人员等相关人员都要积极参与到项目中，在开发产品、解决问题或改进工作方式时，通过有效互动来提高作业能力[①]。通过充分利用人力资源，才能有效整合项目资源，全力应对变化给项目施加的消极影响。在项目特定阶段，安排高频次的项目例会通常是增加沟通的有效措施。

3.及时提交成果高于详尽的文档

传统管理模式追求详细的前期计划和贯穿始终的流程，因此，管理者和开发团队通常会在项目开始之前制定一个贯穿始终的详细任务和日期的进度计划，但是现实项目管理中没有计划能完全按部就班地完成，任务和时间进度通常都会超出产品开发所需，其中的很多项目细节在开发未来特性时会发生变化。在敏捷管理下的开发团队专注于迭代性生产，根据眼下的市场和技术开发出可及时提交工作、满足需求的产品。他们是以产品本身作为衡量需求的唯一标准而不是通过计划和流程是否详细和完善来判断产品是否符合需求。但是这并不是说敏捷管理不需要文档来规划，所有项目都需要一些文档，敏捷管理者认为只有当文档能以最直接不拘泥于形式的方式满足可工作产品的设计、交付和部署时才是有用的。

---

① Medinilla Á. Agile management : leadership in an agile environment[M]. Springer Science & Business Media，2012.

4.敏捷开发风险的降低

项目风险管理是指需要对项目风险进行提前的测量评估,增加项目的正向变化并降低项目的不利变化。通过相应的项目风险管理技术手段,识别并定量分析项目风险,得出相应的应对方案。不管项目风险发生与否,都需要为预知的风险分配一定的资源储备。

传统管理项目在风险管理上要求做到都按计划管理,这是很难实现的,项目计划进度难以制定,即使制定完成也很难得到落实,从而给项目带来了诸多问题与风险,繁琐的过程也导致了成本增加、进度延期。

风险在项目中是无处不在的,技术、人员、产品风险共同构成了项目的整体风险,风险清单无法把这些风险全部罗列出来,也不能透过团队会议和定期的风险评估来减轻风险。而敏捷管理方法下的风险管理是建立在执行项目结构上进行的有效管理风险。敏捷风险管理是与工作进度息息相关的,它对成本是相对估算的,不会在项目未进行前就做完全的预估,因为它并不是在项目外的风险管理,而是影响着如何规划和安排工作的本质。敏捷管理通过它特有的管理模式,在过程中对风险不断反馈学习、分享经验、排解问题、不拖累项目进度,做到对问题环境的适应性。这种迭代跟进的主动控制项目发展方向的方法,可以有效地应对项目进程中可能遭遇的风险或影响因素,降低出现项目风险后所带来的损失。

5.团队建设高于集权领导

敏捷团队相对传统的集权领导式团队在组建模式上进一步进行了革新,主要呈现出以下特点[1]:

(1)角色职责变更:实现敏捷管理的有效应用过程中,计划的制定、任务的分配、质量的管理、项目的执行等都由所有团队成员协作进行。项目经理的职责是协调团队完成这些自我管理任务,并充分挖掘其余项目管理人员的潜能,使得他们对项目的认知过程慢慢沿着"可理解""可预测"

① 丽萨·阿金斯.敏捷项目管理系列丛书:PMI-ACPSM考试指定教材:如何构建敏捷项目管理团队:Scrum Master、敏捷教练与项目经理的实用指南.北京:电子工业出版社,2012.

方向发展。

（2）学习能力提升：开发人员需具备足够的计划水平来评估业务需求，并对其长期影响进行判断。一旦出现需求的变更，需要积极响应变化，建立新的工作方式，从而增强对需求变更的适应性，使原计划迅速适应变化。

（3）团队文化革新：在敏捷管理团队中，重视以人为本，融入了以人为导向的思想。以任务为核心，强责任心，高自主性，依靠自我激励完成任务，注重反思与经验总结。

7.3.2 敏捷管理与传统管理的区别

在了解了敏捷管理的概念和相关要素后，为了在建筑设计项目中引进并使用一种新的管理方式，管理者了解该管理方式与传统管理方式的区别是非重要的。通过对比来了解这种新方法的优点和对于传统管理方法的改进之处，这样才能更加清楚地知道敏捷管理在哪些方面具有优势，是在何种环境下产生的，更加适用于哪些情况。

1.敏捷管理强调在过程中响应变化

传统项目管理通常在前期对项目进度进行了严格的规范和构建，实施人员在做决策时不得不遵守给定的框架，按照计划所列示的进程步步推进。这种管理方式在面对简单的项目环境时是可以得到高效率的应用而且可以最大程度降低风险获得精准的结果。但是，如上文所述，现实中大型建设项目所处的内部和外部环境都是复杂且多变的，这种情况下使用传统管理方式会导致前期的计划所花费的时间和文本被浪费，而且在不断变化的过程中想要按照事先规定的步骤来控制进度是不可能实现的。

敏捷管理就恰恰弥补了传统管理的这一缺陷，在项目实施过程中，敏捷管理不会运用条条框框对实施人员的每一步行为作限制，它追求一种在变化和控制之间的平衡。在项目前期，敏捷管理根据项目的具体情况，给出一个具有指导性价值的实施方针，实施人员在过程中只要把握具体的发展方向，然后根据业务需求的变化灵活应对，从而完善项目进程。由此可见，敏捷管理在项目实施过程中并不畏惧或反对不可预料的变化，由于在大型项目中变化的不可避免性，它保持一种开放的心态来接纳变化，通过自我调控来适应过程而不是让过程束缚自己。这种具有强适应性的管理方式不仅能更快融入项目而且能通过变化来完善项目中的不足之处。

2.敏捷管理注重人员能动性

构成传统项目管理的主要框架就是流程，项目管理分为五个流程——启动、策划、执行、监测和完成。在项目进展过程中，每一流程都设定明确的标准和目标，一个流程完成后才能进入下一个阶段，一个阶段的信息输入完毕后才能对下个阶段进行信息输出，通过这种层层迭代推进的方式，传统项目管理在执行项目过程中，可以对每一步进展了如指掌，对于所达成的目标和未达成的目标可以严格把控，但是当遇到需求变化时，严格的流程就变成了束缚，每一次的更改都需要繁琐的程序来进行审批和复核，这导致了时间的浪费和文本管理工作的加剧。

敏捷管理由于其适应变化的天然优点，使得它不会拘泥于根据流程来推进进展，在一个大型项目建设中，流程和文本固然重要，但是个体之间交流和沟通却是更便捷、高效的管理方式。如今的项目团体中，创新、有想法的人越来越多，用流程来框住他们的想法和行为是一件浪费人力资源的事，敏捷管理更是注意到了团体之间思想碰撞所能带来的化学反应可以很好地适应不断变化的市场规范和业主需求，所以它不会受制于变化，通过团队个体的技能与互动来面对变化做出相应调整，让团队人员通过自身的能力去积极地响应变化而不是通过死板的流程去被动地接受变化，这种态度上的相反造成了敏捷管理在变化的市场上更具优势和竞争力[1]。

7.4 敏捷管理在实际应用中的限制

7.4.1 软件开发与建筑设计项目的差异

在区分了敏捷管理与传统管理之间存在的不同点之后，笔者认为，要真正将敏捷管理的思想运用到建筑设计项目中需要清楚认识到这两个行业的项目管理间存在的明显差异，敏捷管理并不适合被全盘吸纳进来，而

[1] Rose D. Leading agile teams[C]. Project Management Institute，2015.

是要根据这些差异进行一定的修正和重新定义。

1.建筑项目在实际建设过程中不具备软件项目的可更新性

软件项目由于其基本在虚拟平台中开发与运营，不被物质实体所限制，能够较为迅速且相对容易地实现版本更新以及Bug的清除工作，因此，敏捷管理中可以在整个开发过程中（包括设计、制作、交付）提出迭代递进的方法来提升软件的价值并最终达到客户的需求。但是，建筑项目显然是被物质实体大幅限制的另一个极端，在设计阶段尚可对图纸进行修改或者重制，但是在招标过后的施工过程中，只能够针对实际施工和图纸之间存在的局部问题做出调整，工程整体上不具备可逆性，建设工程结束后不能够像软件开发一样在得到反馈后重新回到设计阶段进行迭代。

2.建筑项目的设计阶段和施工阶段互相分离且跨度大

软件工程项目由于其行业的特殊性，算法设计以及代码的编写在一定程度上是混杂在一起的。因此，构思与产品的实际制作可以重叠进行，且这个过程完全可以在内部运作，客户只需要得到实际产品并反馈体验情况，因而这个开发周期相对容易缩短，而使快速交付成为可能。但是，建筑项目的设计和施工不具备这样的条件，图纸设计必然先于实际施工，同时这之间需要经过投标的过程，在由客户定标之后再进行实际施工的组织，而这个时候项目的设计构思已经在整体上被固定下来了。也就是说，距离设计开始到投标到真正着手建设，是一个在时间上和工程组织上都跨度极大的过程，整个过程必须以一种顺流而下的方式进行，很难在后续工作中回溯到前序过程。所以一个建筑设计的实际效果和前期的设计结果往往是存在断层的，几乎不可能根据一个项目的实际运行情况来得到反馈而重新修改设计。因此，软件开发中的快速交付如果要运用于建筑项目，必须要重新定义。

7.4.2 敏捷管理运用在超大型工程项目需要做出的修改

由这些差异的存在可知，敏捷管理不能够直接运用于超大型工程项目的组织之中，而要进行一定的修改，以下是笔者认为可行的一些方法和建议。

1. 基于行业混合的敏捷团队的组建

鉴于超大型工程项目涉及行业的广泛，势必要调和各行各业之间存在的技术矛盾以及规范差异，因此承包方有必要组建这样一个专业混合的敏捷团队，作为各个行业的代表，交换意见，并作为与外部联系的一个纽带。通过这个团队与外部讨论，再进行内部决策，形成统一的意见，制定每一个工作周期的任务目标，并在发生变化时能够起到响应、协调的作用，把具体工作分配到各个部门去执行。这样既有利于项目的总管理，又能够加强各个行业间的相互沟通和理解，形成项目总体的统一。

2. 基于BIM技术的模拟迭代

如前文所述，建筑实体的迭代递增是基本不可能实现的[①]，因此，承包方只能在前期设计和投标过程中进行迭代优化，在图纸交付过程中和客户积极沟通，修改设计中存在的问题以及明确客户的需求和最终要达成的效果，而为了尽可能使这种设计层面的迭代能够尽可能地符合后续工程建设的现实情况，有必要寻求一种手段去模拟设计在实际应用后的真实效果。现今，建筑信息模型（BIM）技术发展迅速，对于真实情况的模拟也变得越来越精准，承包方完全可以利用这种数字模型，对项目进行模拟，并进行评估和反馈，然后及时地进行改进，以达到需求。当然现阶段，由于技术原因和自然条件的复杂性，这种想法仍然只能作为一种辅助的评价手段，而不能以方法作为建筑真实使用价值的依据。

3. 针对建筑设计构思的快速交付

由于超大型工程项目的复杂性和大跨度，很难实现软件开发那样的整体软件产品的快速交付，但是，如果把目光集中在投标前的项目设计阶段，承包方完全可以借鉴这样一种快速交付的思想。在设计过程中细化工作，将精力优先集中在设计功能以及设计思路等一些与建设目的直接相关的重点体现上，首先保证让客户能够理解并且对设计进行反馈，加快对建设目的达成共识的过程，而图纸的详尽说明和具体的施工组织等一些细致

---

① （美）马克·C.莱顿著.敏捷项目管理[M].傅永康，郭雷华，钟晓华等译.北京：人民邮电出版社，2017.

工作，可以作为后续工作进行补全，这样可以有效避免建筑效果和目标的偏差，并且保留项目阶段性的设计成果。

运用中的反思

处理的项目越多他越是发现对于大型项目难以把控，业主的需求、外部的因素、市场技术的更新都使得传统的项目管理失去了对项目的有效控制。在一次和其他项目经理的探讨中，他被介绍了一种新的管理方法——敏捷管理法。自从引入了敏捷管理法后，他发现不会再被频繁的变更所困扰，他可以在顺利地推进项目进程的同时对项目中发生的变化进行调控。

但是随着他对敏捷管理的概念和知识的逐步掌握，他发现敏捷管理这个由软件开发引入的新概念并不是完全适用于建筑行业。其中最大的弊端就是建筑行业一旦施工就不可能拆掉再来，而软件开发却可以进行无数次代码编写。在敏捷管理方法上发现的优点和缺点，使他明白，如果想要敏捷管理能够更长远地使用在项目管理中，一定要想方法克服它的缺点。他认为这其中的重点在于重新定义敏捷管理中的快速迭代方法。查阅了众多书籍和案例后，他认为建筑行业的快速迭代不用像软件开发那样不停地交付设计图成果，这是一种成本和时间的浪费，而是要在设计阶段将大阶段细化为小阶段，每一阶段向业主频繁汇报项目设计思路和设计功能，得到业主的明确答复后再进行设计图等细化工作。有了这个新的敏捷管理思路后，他在以后的项目管理实际应用中能更好地进行，避免了无计划和多变化带来的困扰。

7.5 敏捷管理的局限性以及在具体应用中的注意点

最后，管理者应该意识到，敏捷管理并不是一个没有缺陷的管理方式，其应用也有它的局限性以及可能导致的一系列问题，所以，在具体应用这一管理模式的过程中，需要对这些问题进行识别，并着重找出工作中应当重视的注意点，规范操作行为，保证其优势能够充分地体现出来。

7.5.1 人员流动造成的困难

敏捷管理的核心就是以人为主要价值导向，每个敏捷小组的成员都是项目里的核心，也就是说，每个成员的技能、经验和想法对项目而言都是独一无二的存在，他们的思想和行动构成了项目最终的实现。但是一个大型建设项目的周期通常需要几年时间，人员的流动是不可避免的，新成员加入项目活动时，对于项目进程的不熟悉和对老成员观念的不认同，都会造成项目在一定程度上进度变慢。敏捷管理所追求的快速迭代推进会造成新成员的难以融入，如何在一个项目过程中协调人员输入和输出所造成的矛盾也是一个重要问题。

7.5.2 迭代推进造成的资源浪费

敏捷管理的一个特色就是迭代开发，它通过项目执行过程中的不断修改调整来满足业主变化无常的需求。业主和开发人员在这种可以随时变更的观念下，理所当然地接受流程的反复无常是正常的这个认知，他们在可掌控的基础上期望随时添加新的需求并且能及时得到交付，却忽视了项目更改会造成时间和成本不受控制。尤其对于大型建设项目而言，一点细小的变动涉及的人力、物力都可能造成资源的巨大影响。管理者应该认识到，迭代推进模式下的交付能力也是有上限的。

7.5.3 灵活并不代表杂乱无章

敏捷管理能够在新时代脱颖而出的最大优势就是不受流程控制的灵活性，脱离流程的束缚可以让项目开发者能够更好地创新和完善项目。但是，很多开发者利用敏捷管理的特点来躲避提供评估、文档和计划的借口，他们在项目前期不做规划，承诺一些无法实现的项目调整，表现出一种对项目开发的草率态度。这些完全没有流程和计划的管理方式，造成了项目进程的杂乱无章。管理者需要明白敏捷并不是用来忽略良好设计的借口，也不是不做影响分析就进行大规模改动的理由。

附件

专业术语解读

为了方便读者阅读，对全书中涉及的专业术语进行有序地排列和解释。除双引号特殊词语和由英文或数字构成的词语外，其他专业术语均以对应的汉语拼音字母先后顺序排列，以方便读者查询。

专业术语解读

【项目】	为创造独特的产品、服务或结果而进行的一次性努力
【项目管理】	把知识、技能、工具与技术应用于项目活动，以满足项目的要求
【设计项目管理】	设计总包在项目设计阶段用项目管理的手段对该项目进行进度、质量、变更、沟通等管理
【设计总包】	从事设计总承包的企业受业主委托，按照合同约定承包该工程项目的设计及咨询服务
【项目经理】	由执行组织委派，领导团队实现项目目标的个人。项目经理的角色不同于职能经理或运营经理。项目经理专注于对某个职能或业务单元的管理和监督，而运营经理负责保证业务运营的高效性
【业主】	为项目提供资源和支持的个人或团体，负责为成功创造条件
【进度管理】	在项目设计阶段分析和论证进度目标，在收集资料和调查研究的基础上编制设计进度计划，定期跟踪检查所编制的进度计划执行情况，若其执行有偏差，则采取纠偏措施，并视必要调整设计进度计划。通过设计进度管理以实现项目设计阶段的进度目标
【质量管理】	包括执行组织确定的质量政策、目标与职责的各过程和活动，从而使项目满足其预定的需要。本书中主要是指设计质量管理，通过对方案设计、初步设计、施工图设计及后服务阶段设计质量管理，形成体系化质量管控流程，降低项目交付物的质量风险

	【变更管理】	审查所有针对项目文件、可交付成果、基准或项目管理计划的变更请求,并对此作出批准或否决
	【沟通管理】	沟通管理的本质实际上是对项目干系人的管理,其目标是要保证项目关键干系人的信息需求能够得到满足,从而使其尽可能为项目结果施加积极而不是消极的影响
	【专项设计】	来源于住房和城乡建设部对于工程设计专项资质的规定。狭义的专项设计指住房和城乡建设部规定的建筑装饰、环境工程、建筑智能化、消防工程、建筑幕墙、轻型房屋钢结构等六类专项资质所对应的设计内容;广义的专项设计指国内建筑设计院传统设计工作范围以外,但完成建设工程项目设计工作所必需的专项设计和专项咨询工作的统称
	【专项设计管理】	整个设计项目管理中对技术、经济、合约、界面等综合管理能力要求最高的管理模块,需要管理者具备多方面的能力和知识储备
	【幕墙设计】	幕墙是建筑的外墙围护,不承重,又称为"帷幕墙",是现代大型和高层建筑常用的带有装饰效果的轻质墙体。幕墙设计范围主要包括建筑的外墙、采光顶(罩)和雨篷设计
	【室内设计】	根据建筑物的使用性质、所处环境和相应标准,运用物质技术手段和建筑设计原理,创造功能合理、舒适优美、满足人们物质和精神生活需要的室内环境
设计总包管理	【景观设计】	又称景观建筑,是土地的艺术、计划、设计、管理、保存和修复,以及人为构造物的设计。此专业的范围包含:园林景观设计、环境恢复、敷地计划、住宅区开发、公园和游憩规划、历史保存,并且与地理学、建筑设计、都市设计、都市计划及区域计划等领域密切相关
	【照明设计】	分为室外照明设计和室内灯光设计,灯光是一个较灵活及富有趣味的设计元素,可以成为气氛的催化剂,是一室的焦点及主题所在,也能加强现有装潢的层次感
	【主体设计】	不能进行二次分包的建筑、结构、水、暖、电等设计
	【敏捷管理】	一种在稳定性与灵活性、秩序与混乱、规划与执行、优化与探索中寻求平衡的管理能力;并且管理团队在面临不确定性和未知的环境时能够稳定可靠地向客户传递价值
	【智慧建筑】	以建筑为平台,兼备建筑设备、办公自动化及通信网络系统,集结构、系统、服务、管理及它们之间的最优化组合,为用户提供一个安全、高效、舒适、便利的建筑环境。其主要构成包括楼宇管理自动化系统、通信自动化系统和办公自动化系统
	【建筑师负责制】	"建筑师负责制"是国际通行的建筑工程管理办法,其核心是以建筑师为责任主体,受建设单位委托,在工程建设中,从建筑设计到工程竣工的全过程,有时甚至延伸到使用质保期,全权履行建设单位赋予的领导权利,最终将符合建设单位要求的建筑作品和工程完整地交付建设单位。概而言之,标准的建筑师负责制服务涵盖三大内容:项目设计、施工管理和质保跟踪

【"三超"现象】	工程造价中概算超估算、预算超概算、决算超预算的现象
【"双控"】	控制投资、控制规模
【3D打印】	又称累积制造技术，是一种以计算机的数字模型为基础，使用粉末状金属或塑料或者其他可黏合材料，通过逐层堆叠累积的方式来构造物体的技术
【BIM】	建筑信息模型（Building Information Model）是以建筑工程项目的各项相关信息数据作为模型的基础，进行建筑模型的建立，通过数字信息仿真模拟建筑物所具有的真实信息
【ISO9001】	ISO9000族标准所包括的一组质量管理体系核心标准之一。ISO9000标准是国际标准化组织（ISO）在1994年提出的概念，是指由ISO/TC 176（国际标准化组织质量管理和质量保证技术委员会）制定的国际标准
【PMBOK】	Project Management Body of Knowledge 的缩写，即项目管理知识体系，是美国项目管理协会（PMI）对项目管理所需的知识、技能和工具进行的概括性描述
【标前策划会】	在招标启动前与客户召开招标策划会，详细了解项目概况、项目特征、客户对投标单位资质要求、招标计划要求等相关信息
【立项】	特指建设项目已经取得政府投资计划主管机关的行政许可（原称立项批文），是项目前期工作的一部分，一般来讲，需要具备规划选址、土地预审、环评许可等要件。项目前期工作一般包括项目建议书、可行性研究、初步设计等，初步设计后即可进入施工招标投标阶段
【方案设计】	是设计中的重要阶段，它是一个极富有创造性的设计阶段，同时也是一个十分复杂的问题，它涉及设计者的知识水平、经验、灵感和想象力等。方案设计包括设计要求分析、系统功能分析、原理方案设计等过程
【初步设计】	根据批准的可行性研究报告或设计任务书而编制的初步设计文件
【施工图设计】	工程设计的一个阶段，在初步设计、技术设计两阶段之后。这一阶段主要通过图纸，把设计者的意图和全部设计结果表达出来，作为施工制作的依据，它是设计和施工工作的桥梁。对于工业项目来说，包括建设项目各分部工程的详图和零部件、结构件明细表以验收标准方法等。民用工程施工图设计应形成所有专业的设计图纸：含图纸目录、说明和必要的设备、材料表，并按照要求编制工程预算书。施工图设计文件，应满足设备材料采购、非标准设备制作和施工的需要
【代建制】	政府通过招标的方式，选择专业化的项目管理单位（代建单位），负责项目的投资管理和建设组织实施工作，项目建成后交付使用单位的制度
【代建方】	按照代建合同约定承担政府投资项目建设管理工作的法人或其他组织
【恶意低价竞标】	参与政府采购项目的供应商无意诚信履约，只是利用政府采购的低价优先原则，以报出不合理低价为手段，以占据低价优势或牟取中标为条件，以损害采购人利益和破坏正常采购秩序为代价，通过贿赂、胁迫、私下交易等方式攫取不正当利益的行为

【分部分项工程】	单位工程按专业性质、建筑部位可分为若干个分部工程，如地基与基础、主体结构、建筑装饰装修、建筑屋面、建筑给水排水及供暖、建筑电气、智能建筑、通风与空调等。分部工程按主要工种、材料、施工工艺、设备类别等又可划分为若干个分项工程，如模板、钢筋、混凝土、给水管道及配件安装、给水装备安装等
【投资估算】	在工程项目的投资决策阶段，确定拟建项目所需投资数量的费用计算文件
【估算】	对近似量化结果的估计。通常用于项目成本、资源、人工量和历时的估计。使用过程中总是指出估计的准确程度（如 ±x%）
【概算】	在投资估算的控制下，由设计单位根据初步设计或者扩大初步设计的图纸及说明书、设备清单、概算定额或概算指标、各项费用取费标准等资料、类似工程预（决）算文件等资料，用科学的方法计算和确定建筑安装工程全部建设费用的经济文件
【预算】	对工程项目在未来一定时期内的收入和支出情况所做的计划。它可以通过货币形式来对工程项目的投入进行评价并反映工程的经济效果。它是加强企业管理、实行经济核算、考核工程成本、编制施工计划的依据，也是工程招标投标报价和确定工程造价的主要依据
【决算】	由建设单位编制的反映建设项目实际造价和投资效果的文件。对所完成的各类大小工程在竣工验收后的最后经济审核，包括各类工料、机械设备及管理费用等
【干系人】	也可称为利益相关者，PMBOK将干系人定义为能影响项目决策、活动或结果的个人、群体或组织，以及会受或自以为会受项目决策、活动或结果影响的个人、群体或组织。干系人包括所有项目团队成员以及组织内部或外部与项目有利益关系的实体
【设计工程洽商】	工程实施过程中的洽谈商量，参建各方就项目实施过程中的未尽事宜，提出洽谈商量。在取得一致意见后，可作为施工依据性文件之一
【工程量清单】	建设工程的分部分项工程项目、措施项目、其他项目、规费项目和税金项目的名称和相应数量等的明细清单
【固定单价合同】	固定单价合同条件下，无论发生哪些影响价格的因素都不对单价进行调整，它适用于工期较短、工程变化幅度不会太大的项目。使用固定单价合同对承包商存在一定风险
【固定总价合同】	固定总价合同的价格计算是以图纸规定、规范为基础，合同总价是固定的。承包商在报价时对一切费用的上升因素已经作了估计，并将其包含在合同价格之中。总价只有当设计和工程范围发生变化时，才做出相应的调整
【关键线路】	在网络图中，从起点节点到终点节点的多条线路中总的工作持续时间最长的线路
【合同关系】	合同双方按照合同约定产生的契约关系

设计总包管理

【合约管理】	合约管理全过程就是由洽谈、草拟、签订、生效开始，直至合同失效为止。不仅要重视签订前的管理，更要重视签订后的管理。在设计项目管理中，合约管理是一个较新的管理职能，近年来，已成为一个重要的分支领域和研究的热点
【横道图】	又称甘特图，是最简单并运用最广的一种计划方法。它以一段横道线表示一项活动，通过横道线在带有时间坐标的图表中的位置来表示各项活动的开始时间、结束时间和各项工作的顺序。横道线的长短表示活动的持续时间，整个进度计划由一系列横道组成
【网络图】	以图表的形式显示项目活动之间的逻辑关系。由作业（箭线）、事件（又称节点）和路线三个因素组成，用箭线和节点将某项工作的流程表示出来的图形
【回标分析】	在开标后、评标前对各家投标书的内容进行审查分析。在工作实践中，常将商务标作为主要分析对象进行分析。回标分析一般由招标人（或招标代理机构）按相关法规及招标文件的要求，对商务标分析中发现的疑问以及需要澄清、说明和补正的事项，要求有关投标人向评委委员会做出澄清、说明和补正后，作为评标委员会认可的"经评审的投标报价"方可作为评标的依据
【价值工程】	价值工程是运用集体智慧和有组织的活动，对所研究对象的功能与费用进行系统分析并不断创新，使研究对象以最低的总费用可靠地实现其必要的功能，以提高研究对象价值的思想方法和管理技术
【建设项目全寿命周期】	建设项目全寿命周期是指项目从启动到收尾所经历的一系列阶段。主要包括投资决策阶段、设计阶段、实施阶段、竣工验收结算阶段和运营阶段
【结算】	施工企业按照承包合同和已完工程量向建设单位（业主）办理工程价款清算的经济文件
【进度计划】	在拟定年度或实施阶段完成投资的基础上，根据相应的工程量和工期要求，对各项工作的起止时间、相互衔接协调关系所拟定的计划，同时对完成各项工作所需的劳力、材料、设备的供应做出具体安排
【竣工验收】	是工程项目建设周期的最后一道程序，是项目管理的重要内容和终结阶段的重要工作，也是我国建设项目的一项基本法律制度。实行竣工制度，是全面检查工程项目是否符合设计文件要求和工程质量是否符合验收标准，能否交付使用、投产，发挥投资效益的重要环节
【可行性研究】	根据国民经济长期规划和地区规划、行业规划的要求，对建设项目在技术、工程和经济上是否合理和可行进行全面分析、论证，做多方案比较，提出评价，为编制和审批设计要求文件提供可靠的依据
【里程碑】	里程碑是项目中的重要时点或事件。里程碑清单列出了所有项目里程碑，并指明每个里程碑是强制性的（如合同要求的）还是选择性的（如根据历史信息确定的）。里程碑与常规的进度活动类似，有相同的结构和属性，但是里程碑的持续时间为零，因为里程碑代表的是一个时间点

设计总包管理	【绿色建筑】	建筑对环境无害，能充分利用环境自然资源，并且在不破坏环境基本生态平衡条件下建造的一种建筑，又可称为可持续发展建筑、生态建筑、回归大自然建筑、节能环保建筑等
	【全过程项目管理】	从项目投资意向（构思）到整个项目竣工验收交付使用（或保修及后评价工作结束）为止所经历的全部过程，可分为决策阶段、设计阶段、施工准备阶段、施工阶段、运用前准备阶段、保修及后评价阶段
	【设计管理】	根据使用要求，对设计过程的质量、进度、投资等目标进行有计划、有组织的控制
	【设计交底】	在施工图完成并经审查合格后，设计单位在设计文件交付施工时，按法律规定的义务就施工图设计文件向施工单位和监理单位做出详细的说明，其目的是使施工单位和监理单位正确贯彻设计意图，加深其对设计文件特点、难点等的理解，掌握关键过程部位的质量要求，确保工程质量
	【设计任务书】	工程技术人员根据经济发展规划和建设需要，按照委托方要求编制的有关工程项目具体任务、设计目标、设计原则及有关技术指标的技术文件，是设计最重要的依据之一
	【施工监理】	具有相关资质的监理单位受建设单位（项目法人）的委托，依据国家批准的工程项目建设文件、有关工程建设的法律、法规和工程建设监理合同及其他工程建设合同，代替建设单位对承建单位的工程建设实施监控的一种专业化服务
	【设计企业资质】	工程设计资质标准是为适应社会主义市场经济发展，根据《建设工程勘察设计管理条例》和《建设工程勘察设计资质管理规定》，结合各行业工程设计的特点制定的。包括21个行业的相应工程设计类型、主要专业技术人员配备及规模划分等内容
	【施工图审查】	施工图设计文件审查的简称，是指建设主管部门认定的施工图审查机构按照有关法律、法规，对施工图涉及公共利益、公众安全和工程建设强制性标准的内容进行的审查
	【图纸会审】	工程各参建单位（建设单位、监理单位、施工单位）在收到设计院提交的施工图设计文件后，对图纸进行全面细致地熟悉与考核，审查出施工图中存在的问题及不合理情况并提交设计院进行处理的一项重要活动
	【现场签证】	工程承发包双方在施工过程中按合同约定支付各种费用、顺延工期、赔偿损失所达成的双方意思表示一致的补充协议，互相确认的签证即成为工程结算或最终结算增减工程造价的凭据
	【现场踏勘】	招标人组织投标人对项目实施现场的经济、地理、地质、气候等客观条件和环境进行的现场调查
	【限额设计】	按照批准的设计任务书及投资估算控制初步设计，按照批准的初步设计总概算控制施工图设计。将上阶段设计审定的投资额和工程量先分解到各专业，然后再分解到各单位工程和分部工程。各专业在保证使用功能的前提下，根据限定的额度进行方案筛选和设计，并且严格控制技术设计和施工图设计的不合理变更，以保证总投资不被突破

【设计管理大纲】	用以明确参与项目管理各方的主要工作和担负的责任，做到分工明确，职责分明，有法可依、有章可循。《设计管理大纲》包括设计管理工作制度、设计管理工作职业道德和纪律、合同管理、信息和文档管理、财务管理细则、设计管理中变更控制的相关规定、施工违章处罚规定等制度
【项目建议书】	项目建设筹建单位或者项目法人，根据国民经济发展、国家和地方中长期规划、产业政策、生产力布局、国内外市场、所在地内外部条件等，向审批机关提出的某一具体项目的建议文件，主要从宏观上论述项目设立的必要性和可能性，是对拟建项目提出的框架性的总体设想，是立项的基础
【项目流程组织】	将项目中各项工作流程科学地组织在一起的过程
【项目目标控制策划】	在明确了项目管理的组织的前提下，根据项目实施的不同阶段和项目管理的不同任务，明确项目主持方的项目管理工作内容以及项目参与方沟通遵守的项目管理制度
【项目前期准备】	在项目前期，通过收集资料和调查研究，在充分占有信息的基础上，针对项目的决策和实施，进行组织、管理、经济和技术等方面的科学分析和论证，以及办理项目报批报建和相关证照等工作
【信息管理】	对信息的收集、加工、整理、存储、传递与应用等一系列工作的总和
【隐蔽工程】	被其他建筑物遮掩的工程，具体是指地基、电气管线、供水管线等需要覆盖、掩盖的工程
【政府投资建设项目】	这一概念是在我国改革开放和现代化建设实践过程中逐步形成的，一般指使用"财政性基本建设资金"投资建设的工程项目
【指令关系】	组织中不同工作部门之间的上下级关系。指令关系可以通过组织结构模式体现出来
【资格预审】	对于设计单位或者专项设计单位，在正式组织招标或征集比选以前，对设计单位的资格和能力进行的预先审查。资格预审的重点审查内容为签约资格和履约力
【综合评估法】	将最大限度地满足征集文件中规定的各项综合评价标准的应征人推荐为候选人的方法。采用这种方法，需要在征集文件内规定各评审指标和评标标准，开标后按评标程序，根据评分标准，由评委对各投标单位的标书进行评分，最后以总分最高的应征单位为中标单位

附件 专业术语解读

参考文献

[1] Kousholt B. Project management[M]. Nyt teknisk forlag，2007.

[2] Cleland D I，Gareis R. Global project management handbook[M]. 1994.

[3] Hamilton A. Handbook of project management procedures[M]. Thomas Telford，2004.

[4] Barrie D S，Paulson B C. Professional construction management：including CM，design-construct and general contracting[M]. McGraw-Hill Science/Engineering/Math，1992.

[5] Levy S M. Project management in construction（McGraw-Hill professional engineering）[M]. McGraw-Hill Professional，2006.

[6] Hendrickson C，Au T. Project management for construction：fundamental concepts for owners，engineers，architects，and builders[M]. Chris Hendrickson，1989.

[7] Odeh A M，Battaineh H T. Causes of construction delay：traditional contracts[J]. International journal of project management，2002，20（1）：67-73.

[8] Li B，Akintoye A，Hardcastle C，et al. Critical success factors for PPP/PFI projects in the UK construction industry[J]. Construction Management and Economics，2007，23（5）：459-471.

[9] Winch G. Zephyrs of creative destruction：understanding the management of innovation in construction[J]. Building Research and Information，2010，26（5）：268-279.

[10] Chan A P, Chan D W, Chiang Y, et al. Exploring critical success factors for partnering in construction projects[J]. Journal of Construction Engineering and Management-asce, 2004, 130（2）: 188-198.

[11] Frimpong Y, Oluwoye J, Crawford L, et al. Causes of delay and cost overruns in construction of groundwater projects in a developing countries: ghana as a case study[J]. International Journal of Project Management, 2003, 21（5）: 321-326.

[12] Gu N, London K. Understanding and facilitating BIM adoption in the AEC industry[J]. Automation in Construction, 2010, 19（8）: 988-999.

[13] Love P E. Influence of project type and procurement method on rework costs in building construction projects[J]. Journal of Construction Engineering and Management-asce, 2002, 128（1）: 18-29.

[14] Nguyen L D, Ogunlana S O, Lan D T, et al. A study on project success factors in large construction projects in Vietnam[J]. Engineering, Construction and Architectural Management, 2013, 11（6）: 404-413.

[15] Newcombe R. From client to project stakeholders: a stakeholder mapping approach[J]. Construction Management and Economics, 2010, 21（8）: 841-848.

[16] Kangari R. Risk management perceptions and trends of US construction[J]. Journal of Construction Engineering and Management-asce, 1995, 121（4）: 422-429.

[17] Kerzner H. Project management: a systems approach to planning, scheduling and controlling[M]. John Wiley & Sons, 2013.

[18] Akintoye A S, MacLeod M J. Risk analysis and management in construction[J]. International Journal of Project Management, 1997, 15（1）: 31-38.

[19] Harris F, McCaffer R. Modern construction management[M]. John Wiley & Sons, 2013.

[20] Sidney M. Levy. Project management in construction[M].Seventh Edition. McGraw-Hill Education，2017.

[21] Walker A. Project management in construction[M]. John Wiley & Sons，2015．

[22] （美）蒂莫西·J.克罗彭伯格（Timothy J. Kloppenborg）著.项目管理现代方法[M].杨爱华，翟亮，付小西等译.北京：机械工业出版社，2016.

[23] 中国建筑业协会工程项目管理委员会.中国工程项目管理知识体系[M].北京：中国建筑工业出版社，2012.

[24] 全国注册咨询工程师（投资）资格考试参考教材编写委员会.工程项目组织与管理[M].北京：中国计划出版社，2011.

[25] 中国对外承包工程商会.国际工程总承包项目管理导则[M].北京：中国建筑工业出版社，2016.

[26] 汪小金.项目管理方法论[M].北京：中国电力出版社，2015.

[27] 陈津生.建设工程保险实务与风险管理[M].北京：中国建筑工业出版社，2008.

[28] （美）小塞缪尔·J.曼特尔等著.项目管理实践[M].第4版.王丽珍，张金兰译.北京：电子工业出版社，2011.

[29] （美）格雷戈里·T.豪根（Gregory T. Haugan）著.项目计划与进度管理[M].北京广联达慧中软件技术有限公司译.北京：机械工业出版社，2005.

[30] （美）马克·C.莱顿（Mark C.Layton）著.敏捷项目管理从入门到精通实战指南[M].傅永康，郭雷华，钟晓华译.北京：人民邮电出版社，2017.

[31] 刘占省，赵雪锋.BIM技术与施工项目管理[M].北京：中国电力出版社，2017.

[32] 张建忠，乐云.医院建设项目管理——政府公共工程管理改革与创新[M].上海：同济大学出版社，2016.

[33] （美）科丽·科歌昂，叙泽特·布莱克莫尔，詹姆士·伍德著.项目管理

精华：给非职业项目经理人的项目管理书[M].张月佳译.北京：中国青年出版社，2016.

[34] 俞洪良，毛义华.工程项目管理（高等院校工程管理系列教材）[M].杭州：浙江大学出版社，2014.

[35] 英国土木工程师学会.新工程合同条件（NEC合同）——工程施工合同与使用指南[M].方志达等译.北京：中国建筑工业出版社，1999.

[36] 乐云.国际新型建筑工程CM承发包模式[M].上海：同济大学出版社，1998.

[37] 乐云.建设项目前期策划与设计过程项目管理[M].北京：中国建筑工业出版社，2015.

后记

　　本书的创作缘起于生活，感谢生活！在近25年的实践与生活中，有幸致力于数十项大型项目的设计管理工作，从而有机会在不同项目中直面该领域存在的尖锐问题并为此寻求解决方案。

　　"在当今社会中，一切都是项目，一切也将成为项目。"回顾近年来设计项目管理本土化的发展现状，我们不难发现项目管理者在项目建议书、工程可行性研究及设计任务书编制阶段对重大项目进度、质量、成本等目标的制定已经有了很大的进展。随着项目大型化发展趋势，项目管理者还面对着专业复杂化、投资控制困难、经验缺失、资源整合困难、项目的目标定义困难等挑战。这些问题在本人从事项目管理行业的多年时间里，有些已经得到了答案，有些将在前行中继续探索。

　　在本书的撰写过程中，得到了全过程咨询与项目管理中心（项目管理部）和各个建筑事业部设计师同事们的大力支持。他们在繁忙的工作中利用业余时间，帮助回顾项目的历程和工作细节。特别感谢刘威、沙蕴藉和俞雪璠帮助整理素材、编写案列以及校对文稿，为书稿的最终出品做了很大的贡献。

　　感谢上海科技大学，校园里浓郁的学术氛围和宽松的研究机制使得我有了总结与研究的动力。特别感谢丁浩副校长，感谢他引领我进入全新的工作领域，使得我有了继续学习和探索的机会，无论是上海临床研究中心还是MIF项目，对我来说都是新的挑战。

　　感谢华建集团，从2003年底到2019年初，整整15年的时光都是在这个充满活力和创造力的企业里度过。特别感谢总建筑师沈迪先生对本书创作的支持。华东院项管部正是由沈迪先生担任华东院院长之时创立，项管部最早一批设计总承包项目都是由沈迪先生担任领导小组组长并亲自指挥。感谢张俊杰院长，在十多年工作中给予很大的支持和帮助。感谢郭建祥大师，从浦东机场二期、虹桥枢纽、南京禄口机场等项目一直以来的同行与极大的工作支持。感谢老同事王敏刚先生，感谢他在我初入华东院之时的引领。感谢华东总院历任院领导及技术总师们，汪大绥大师、汪孝安大师、徐维平总师、黄秋平总师、马伟骏总师、邵民杰总师、姜文伟总师、陆燕总师，感谢他们在项目进展的关键阶段对设计项目管理的全力支持。

感谢曾经遇到的所有项目的业主单位和个人，一个成功的项目不仅是设计团队的创作，也是业主团队和设计团队的共同创作。特别感谢上海机场集团、上海世博集团、普陀山佛教协会、港珠澳大桥珠海和澳门口岸办，他们对项目独特的理解和要求，促使了设计管理技术的发展。

这些年来，我也有幸与项目管理领域的一些高端职业经理人建立了深厚的友谊，他们是项目经理的典范，在项目管理领域不遗余力地，始终不渝地创造着奇迹。在此，我特别感谢他们给予我的宝贵建议与启示。

最后，将此书也献给支持我的家人，是他们在我身边陪伴和静候，让我有了无限的动力！